KB252424

테마가 있는 자수

테마가 있는 자수

세 가지 테마가 있는 그림 같은 자수

박경란 지음

팜파스

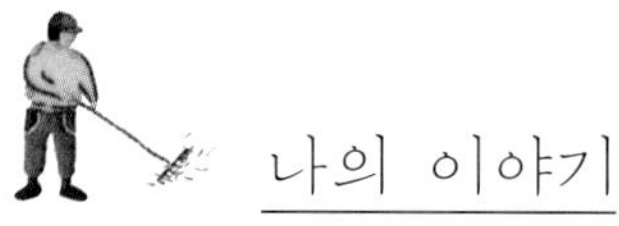 나의 이야기

"네가 친구들한테 인형 만들어 선물했던 거 기억나나?"

처음 제가 즐겁게 바느질을 시작했던 그때를 엄마도 기억하셨던가 봅니다. 자수를 시작하면서 "원래 바느질을 잘하셨어요?"라고 물어보시는 분들이 많습니다. 물론 그 질문에 저는 당연히 아니라고 말씀드립니다. 중학교 때 수업 중 앞치마 만들기가 있었는데, 그때는 친구들 반을 돌아다니며 완성품을 간식과 바꿔 검사를 받다가 할머니 선생님께 들켜 혼이 났던 경험이 있습니다. 또 다른 기억의 한편에는 중학교 졸업을 앞두고 친구들과 헤어짐이 아쉬워 하늘색 학교 체육복을 깨끗이 빨아 재단하고, 어설프지만 한 땀 한 땀 빨간색 실로 바느질이 두드러지게 홈질을 한 후 솜을 미어터질 듯 꾸역꾸역 넣고, 삐뚤빼뚤 눈, 코, 입을 수놓아 친구들에게 선물로 주었던 기억이 있습니다.

친구들이 선물을 받고 즐거워하는 상상을 하며 기쁘게 만들었던 기억이에요. 그때의 기쁨이 아직도 흐릿하게 기억이 나서, 저는 잘하진 않았지만 참 좋아했던 것 같다고 말씀드린답니다. 아주 좋은 기회로 출판사와 연락이 닿았지만, 저의 능력 밖의 일인 듯해서 확신이 없었고, 생각만 거듭하고 있었습니다. 하지만 두려운 마음을 걷어내고 욕심 없이 나의 작품과 이야기를 재미있게 남기고자 하는 마음으로 책을 쓰게 되었습니다.

어떤 이야기를 담으면 좋을까. 혹시나 부담감이 깊어 내 생각과 표현이 흔들리진 않을지 걱정되었습니다. 하지만 누구의 말도 듣지 않고 나의 작품에만 집중하려 노력했습니다. 자수를 놓을 때 도안을 그리고 수를 놓는 게 보통의 흐름이지만, 저는 수를 완성한 후에 도안이 나오는 거꾸로 된 과정이 버릇이 되었습니다. 그래서 이것을 책으로 담아내기 위해 수를 놓고 뜯는 과정을 셀 수 없이 많이 했습니다. 느긋한 성격이 못 되어서 수를 놓았다 풀었다 반복하는 중에 이런 생각이 들었습니다.

지금 나는 내가 하고 싶은 걸 하는 걸까? 누구에게 인정받고 싶어 하는 게 아닐까? 생각 또 생각하며 작품의 의도를 해치지 않으려고 노력했습니다. 자신감이 없는 생각들이 무수히 쏟아지는 밤들의 연속이었습니다. 책이 마무리가 되어가는 오늘밤 되돌아보니 그 무수한 밤은 다듬어져가며 조금씩 성장하고 있는 과정이었다고 조심스럽게 생각합니다.

자수는 잘하는 것이 좋은 작품이라 저는 생각지 않아요. 아이의 구멍 난 바지를 좋아하는 예쁜 색실로 그림을 그리듯 메워주고, 삐뚤빼뚤하지만 나만의 이야기와 정성을 가득 담으면 그것만으로도 충분히 따뜻한 작품이 될 수 있다고 생각합니다.

지난 겨울, 책을 준비하면서 생각이 막히거나 의도대로 되지 않을 때 털장갑과 모자를 쓰고 산책을 나갔습니다. 스치는 바람과 마을을 누비는 마을버스의 코스길, 떨어진 나뭇잎이 마음을 다스리게 했습니다. 동네를 뚜벅뚜벅 걸으며 허공에 상상했던 그림들이 저의 작품 스토리를 마무리하는 데 큰 도움이었습니다. 이제 봄이 되어 좀 더 가볍게 걸으며 새싹도 보고, 따뜻한 공기도 함께하니 벌써 설렘이 시작됩니다.

도움을 주시고 함께해주신 모든 분께 감사합니다.

CONTENTS

THEME
· 1 ·

FANTASY

보물섬

065

인어가 된 은자

071

얼음마녀

077

JUSTICE

083

Moon Rabbit

089

이 책에 담긴 작품

FANTASY 보물섬
HOW TO MAKE p.065

FANTASY 인어가 된 은자
How to make p.071

FANTASY 얼음마녀
HOW TO MAKE p.077

FANTASY JUSTICE

How to make p.083

FANTASY Moon Rabbit

HOW TO MAKE p.089

FOREST 주말농부
HOW TO MAKE p.097

FOREST 여인
HOW TO MAKE p.103

FOREST 자작나무 사자
HOW TO MAKE p.109

FOREST 잎

How to make p.115

FOREST 산 · 고릴라 · 나무

How to make p.121

FOREST 밥상
HOW TO MAKE p.127

TRADITIONAL 청자
HOW TO MAKE p.135

TRADITIONAL 십장생 수
How to make p.141

TRADITIONAL 탈춤
HOW TO MAKE p.147

TRADITIONAL MASK
How to make p.153

TRADITIONAL 족두리 쓴 원앙
HOW TO MAKE p.159

자수에 필요한 재료와 도구

▲ 자수원단

일반적으로 하는 생활 자수는 가리는 원단이 거의 없을 만큼 무궁무진하답니다.

우리 생활에 옷과 소품으로 쓰이는 모든 원단이 자수의 도화지 역할이 가능합니다.

까다롭고 예민한 특수원단의 경우, 바늘을 바꿔주거나 특수사를 사용합니다. 하지만 이런 경우를 제외하고 일반적인 생활 자수의 경우에는 모든 실과 천들이 구애 없이 사용 가능하며, 경계 없이 사용했을 때 뜻밖의 재밌는 표현이 나오기도 합니다.

단 사용하기 편하고 예쁘게 표현되어 대중적으로 많이 쓰이는 원단들이 있는데, 광목, 린넨, 면, 모직이 대표적입니다.

대부분의 생활 패브릭에 자수를 놓을 수 있으나, 천의 밀도감이 가장 중요합니다. 조직 감이 성글면, 잘 늘어나고 섬세한 표현이 어려우니 밀도감과 조직감이 탄탄한 천에 수를 놓는 것이 좋으며, 리넨 11수 전후의 천을 추천합니다.

면이나 리넨은 수축의 염려가 있으니 반듯이 수를 놓기 전 선세탁 잊지 마세요.

▲ 자수용 바늘

일반적인 자수바늘은 3~9호로 나누어져 있으며, 실의 가닥수에 따라 적합하게 골라서 사용합니다. 3호에서 9호로 갈수록, 바늘은 반대로 날씬해집니다(몸통은 가늘어지고 바늘귀는 작아집니다). 1~2가닥은 9호, 6가닥은 3호를 사용하며 그사이 호수는 조절하며 맞게 사용하면 됩니다.

▲ 수틀

완성했을 때, 천이 울지 않고 깔끔하게 수를 놓을 수 있도록 천을 팽팽하게 고정시켜주는 역할입니다. 10~15센티미터의 지름을 추천하며, 더 큰 수틀은 한손에 손쉽게 놓지 않아 무리가 갈 수 있으며, 원단도 늘어날 염려가 있습니다.

▲ 가위

가위도 용도에 따라 패브릭 재단가위, 종이 재단가위, 자수실 전용가위를 나누어 사용하는 게 좋습니다.

자수용 가위는 사용해본 후 자신의 손 사이즈와 가장 적합하고 절삭력이 좋은 가위로 편하게 결정하되 끝이 날렵하고 뾰족할수록 섬세하게 작업이 되어 좋습니다.

8번사
5번사
12번사
4번사
25번사
태피스트리 울사
리넨사
25번사

▲ 자수실

일반적으로 25번사를 사용하며, 다루기가 쉬워 입문자들에게도 적합합니다. 색다른 느낌을 원할시 4번사, 5번사, 8번사, 태피스트리 울사를 사용하기도 합니다.

• 25번사

6가닥이 한 가닥으로 뭉쳐져 있어, 사용할 때 나누어 써야 합니다. 일반적으로 십자수 실과 같은 실이며, 코튼 소재라 세탁이 자유로워 대중적으로 쓰이는 번호입니다.

• 4번사

25번사에 비해 두껍고, 면사지만 울사의 느낌을 낼 수 있는 장점이 있습니다.

5가닥이 한 가닥으로 뭉쳐 있고, 특성상 보통 나누지 않고 사용하지만, 책에 실려 있는 도안은 가닥을 나누어 사용했습니다.

마찰이 잦을 시 끊어지는 부드러운 코튼입니다. 섬세하게 사용해주세요.

• 5번사

꼬임이 있으며 25번사보다 두꺼운 실입니다.

• 8번사

5번사와 비슷한 결 느낌입니다. 한 가닥을 사용하며 주로 흰실 자수, 하덴거 히데보 등 유럽 자수 분야에서 많이 사용됩니다.

• 태피스트리 울사

포근한 느낌이 강한 실이라 가을·겨울에 사용할 것을 추천합니다. 통통한 털실의 느낌이며 전용 바늘을 사용합니다.

• 이 외에도 리넨사, 12번사 등이 있습니다.

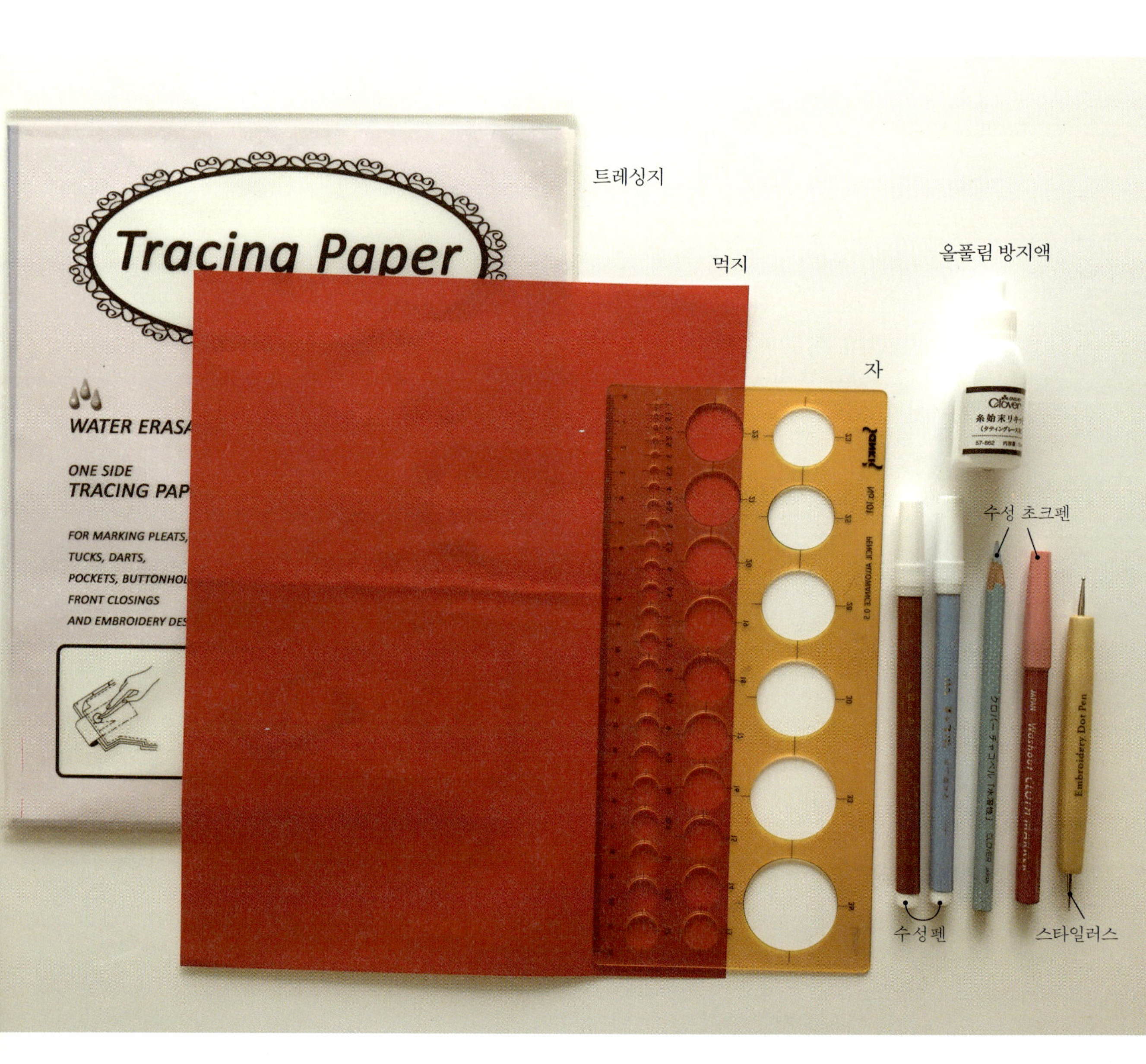

트레싱지
먹지
올풀림 방지액
자
수성 초크펜
수성펜
스타일러스
Tracing Paper
WATER ERASA
ONE SIDE
TRACING PAP
FOR MARKING PLEATS,
TUCKS, DARTS,
POCKETS, BUTTONHOL
FRONT CLOSINGS
AND EMBROIDERY DES
Embroidery Dot Pen

▲ 도안을 옮기는 종류별 재료

• 수성펜

도안을 창작할 때 가장 손쉬운 자수 전용 펜입니다. 자수가 마무리된 후 분무하면 자연스럽게 없어지며, 혹시 여러 번 그려 라인이 진하다면 마른 후 다시 우러날 수 있으니 흠뻑 적신 다음 말려주세요.

• 수성 초크펜

수성펜이 보이지 않는 어두운 원단에 수성펜을 대체하여 사용합니다. 지울 때는 단시간 가볍게 물세탁을 해서 원단의 변형을 줄여주세요.

• 먹지

창작이 아닌 기존의 도안을 옮겨 사용할 때 적합하지만, 세탁 후에도 흔적이 남아 있을 수 있어서 흐리게 그리거나 꼭 필요한 부분에만 사용을 권합니다.

• 올풀림 방지액

자수 뒷부분이 예쁘지 않을 때나, 어정쩡하게 남은 실을 붙여 깔끔하게 마무리 지을 수 있습니다. 또한, 소품이 아닌 원단 그대로에 수를 놓은 후 간직할 때에 테두리 라인에 발라주면 올이 풀리지 않게 보관 가능합니다.

• 그 외 보빈, 트레싱지, 스타일러스(철필)

자수의 기초

▲ 수놓기 전 체크하기

모든 재료가 준비되었다면, 이제부터는 본격적으로 실전에 들어가기 전에 체크하고 알아야
할 것들에 관해 설명해드리겠습니다. 눈앞에 재료는 준비되어 있지만, "내가 정확히 과정대
로 사용을 하고 있는 것일까?"라는 의문점과 궁금증을 알아가며 하나씩 체크해보도록 하겠
습니다.

▲ 도안 그리기(먹지와 수성펜 이용)

• 먹지 아래서부터 원단, 먹지, 도안을 올려놓고 다 쓴 볼펜이나 스타일러스(철필)로 도안을
덧그립니다. 이때 재료들이 움직이지 않도록 바늘이나 핀으로 먹지가 천에 묻어나지 않게
고정해주세요.

도안 원본의 손상이 없도록 그릴 때는 트레싱지를 사용합니다.

수성펜 수성펜은 브라운과 블루 두 가지 컬러가 대표적입니다.

블루펜은 여러 번 덧그려 진하게 스케치됐을 때 밝은 천과 실에 이염됨을 느낄 수 있습니다. 그때 물을 흠뻑 적셔주면 처음 상태로 돌아가지만, 이 부분을 보완할 수 있는 것이 브라운 펜입니다. 상대적으로 브라운 컬러는 물기에 잘 날아가지만, 손에 땀이 많거나 습한 날은 도안을 그려두고 시간이 경과하면 흐려질 수 있습니다.

중요한 흐름 라인은 먹지로 옮긴 후 수성펜으로 나머지를 스케치하는 방법을 추천합니다.

▲ 수틀 사용하기

수틀의 나사를 풀어 두 개로 분리 후, 나사가 없는 수틀을 도안 원단 아래에 깔아줍니다. 그리고 나사가 있는 수틀을 원단 위로 뚜껑을 덮듯이 눌러주고 나사를 조여준 후, 원단을 천천히 잡아당겨 좀 더 팽팽한 느낌으로 고정합니다.

▲ 실 고르기(커팅)

주로 사용되는 25번 자수실은 한 타래의 길이가 8미터이고, 총 6가닥이 모여 있어서 필요한 만큼 자른 후 나눠 사용합니다. 대략 45~ 50센티미터로 잘라주세요.

실을 잡고 팔꿈치 10센티미터가량 아래 지점에서 자르면 적정 길이입니다.

4번사를 나눠서 사용할 때 이보다 짧게 커팅합니다.

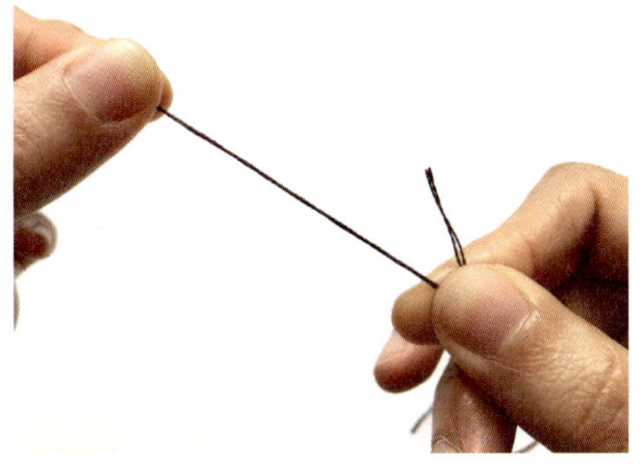

실 나누기

▲ 바늘 선택

3~9호 사이 필요한 바늘을 사용하되, 실의 가닥수가 많거나 풍성함을 원할 땐 주로 3호에 가까운 굵은 바늘을 사용하고, 가닥수가 적거나 정교함을 나타낼 때는 9호에 가까운 얇은 바늘을 사용합니다.

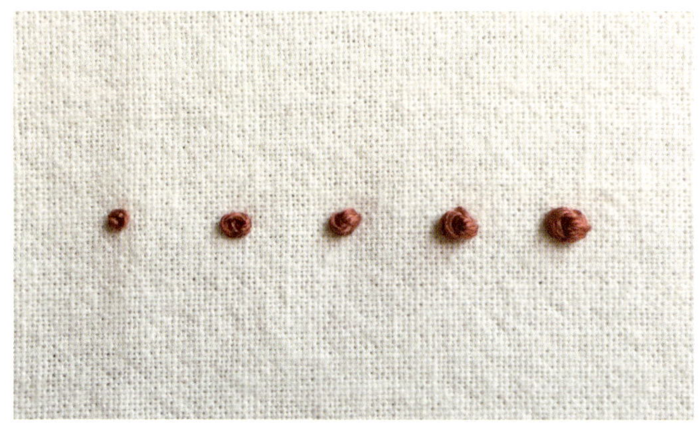

2, 3, 4, 5, 6가닥을 두 번씩 감아 비교한 프렌치 노트 스티치

▲ 매듭법

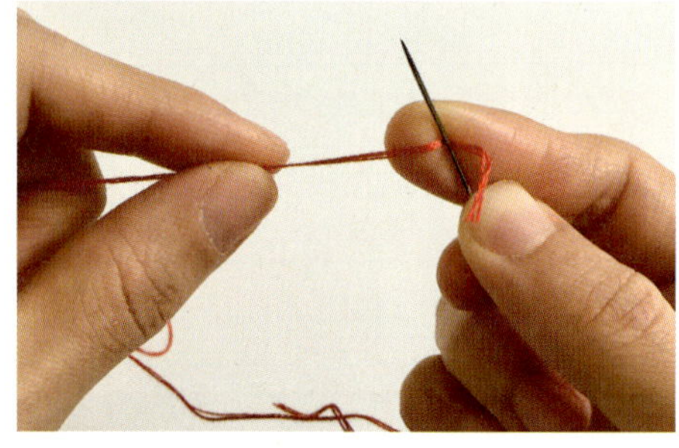

실을 바늘귀에 통과시킨 후
실의 긴 쪽 끝을 바늘 아래 깔아줍니다.

잡고 있는 실을 그대로 바늘에 2~3회 감아줍니다.

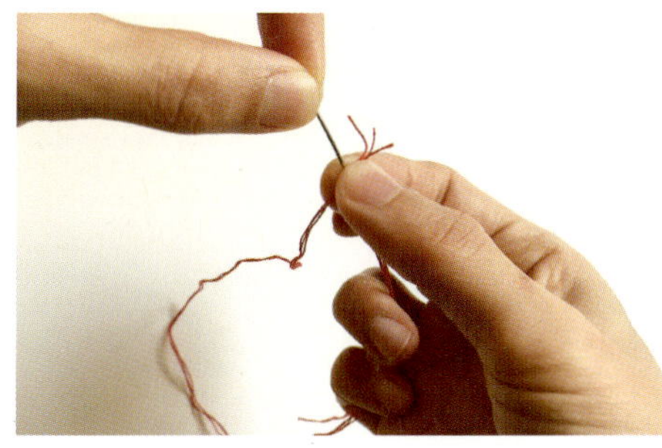

감아준 실을 지그시 잡고
바늘만 위로 부드럽게 빼줍니다.

▲ 실의 뒷정리

깔끔한 뒤처리가 중요한 이유는 홑겹 원단 소품의 경우 빛이 투과되면 아래의 지저분한 실
이 적나라하게 비칠 염려가 있으며, 매듭 알갱이들이 자칫 작품의 깔끔함을 해칠 수 있기 때
문입니다.

면을 스티치한 후 뒷정리

선을 스티치한 후 뒷정리

이 책에 구성된 스티치

자수는 평면에서 입체까지 스티치 범위가 아주 다양합니다.
복잡해 보이는 스티치도 엄밀히 보면 몇 가지의 기초 스티치로 응용되고 파생되죠. 이 책에는
총 36가지의 스티치가 사용되었으며, 같은 방법으로 파생되었거나 혹은 형식이 흡사한 스티치
들을 묶어 분류해놓았습니다.

▲ 한 땀 스티치

스트레이트 스티치
STRAIGHT STITCH

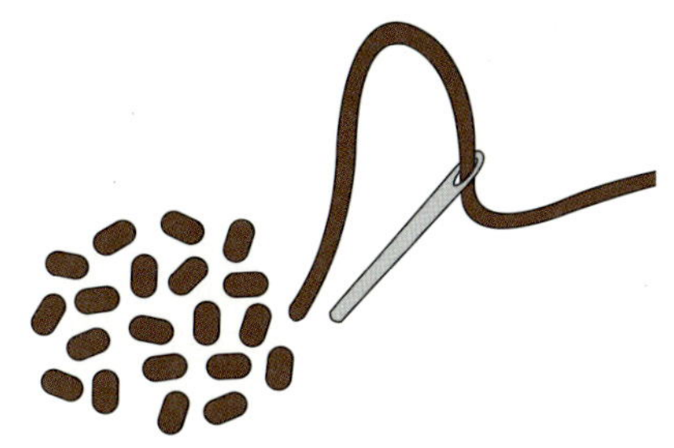

시딩 스티치
SEEDING STITCH

▲ 삼각 땀 스티치

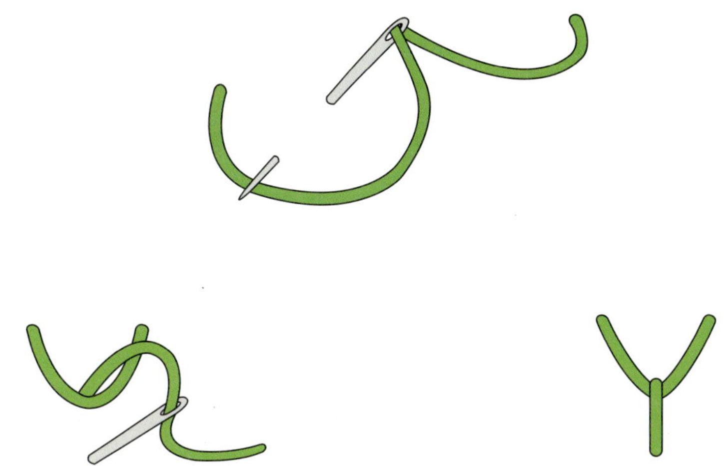

플라이 스티치
FLY STITCH

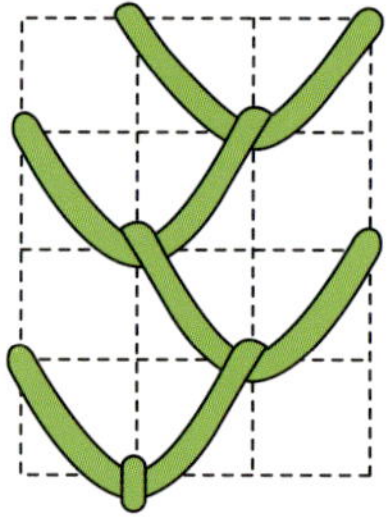

페더 스티치
FEATHER STITCH

리프 스티치
LEAF STITCH

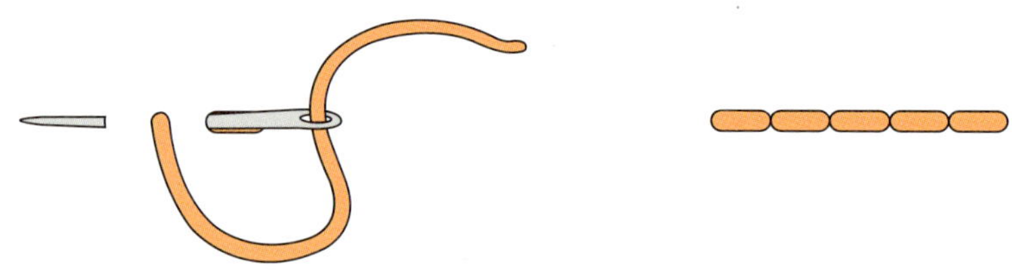

백 스티치
BACK STITCH

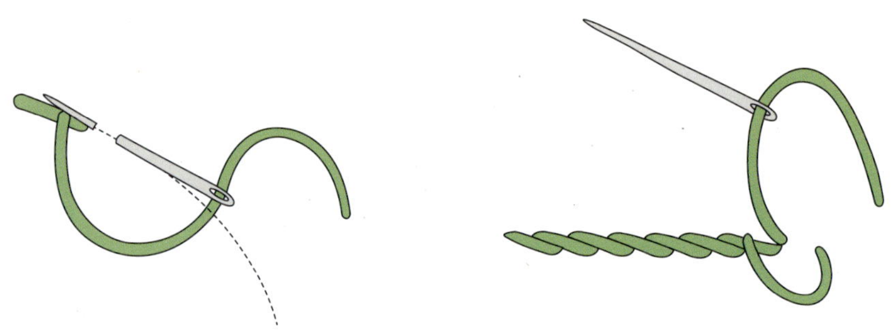

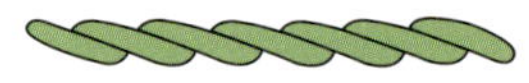

아우트라인 스티치
OUTLINE STITCH

러닝 스티치
RUNNING STITCH

스플릿 스티치
SPLIT STITCH

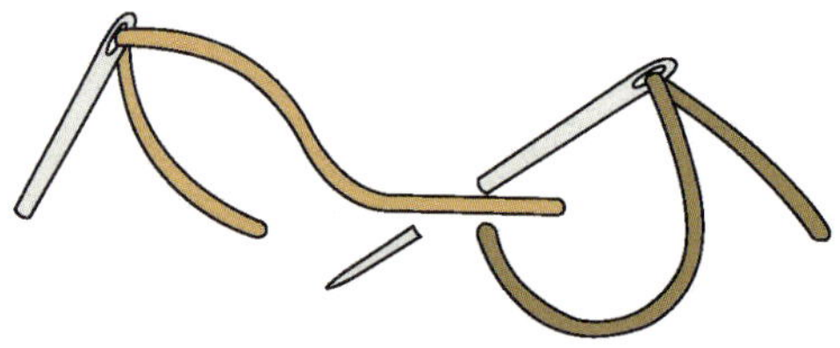

카우칭 스티치
COUCHING STITCH

▲ 레이지 데이지 응용 스티치

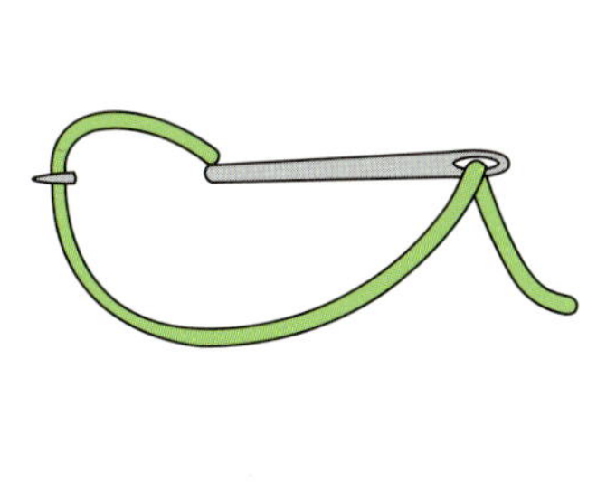
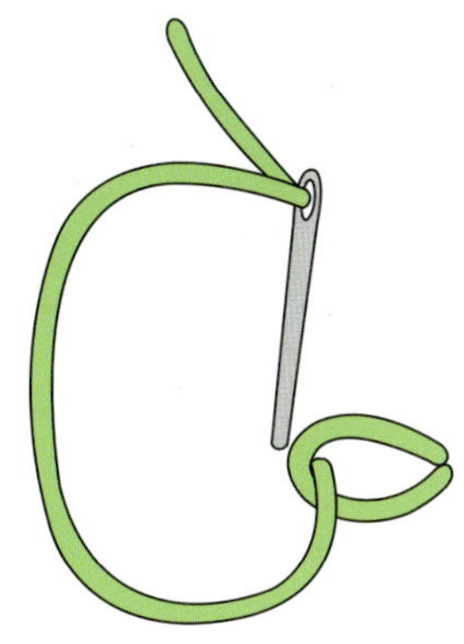

레이지 데이지 스티치
LAZY-DAISY STITCH

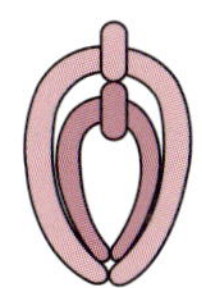

더블레이지데이지 스티치
DOUBLE LAZY DAISY STITCH

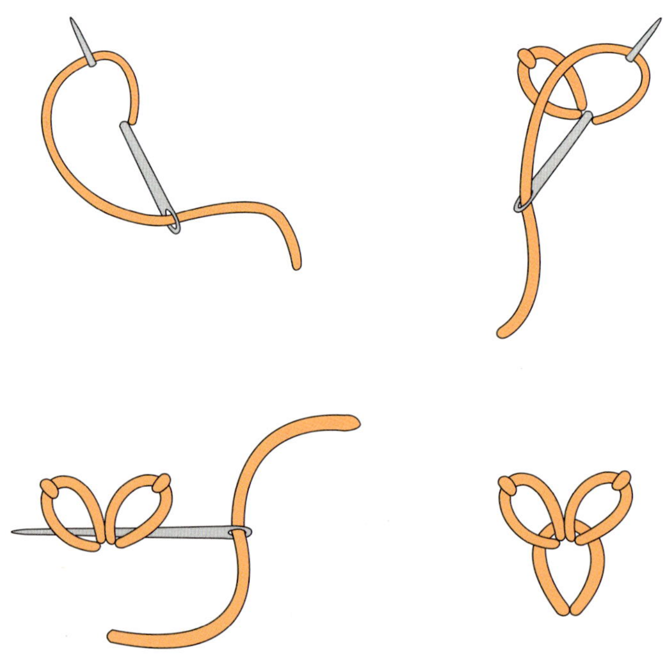

러시안 체인 스티치
RUSSIAN CHAIN STITCH

체인 스티치
CHAIN STITCH

▲ 세로 땀을 하는 스티치

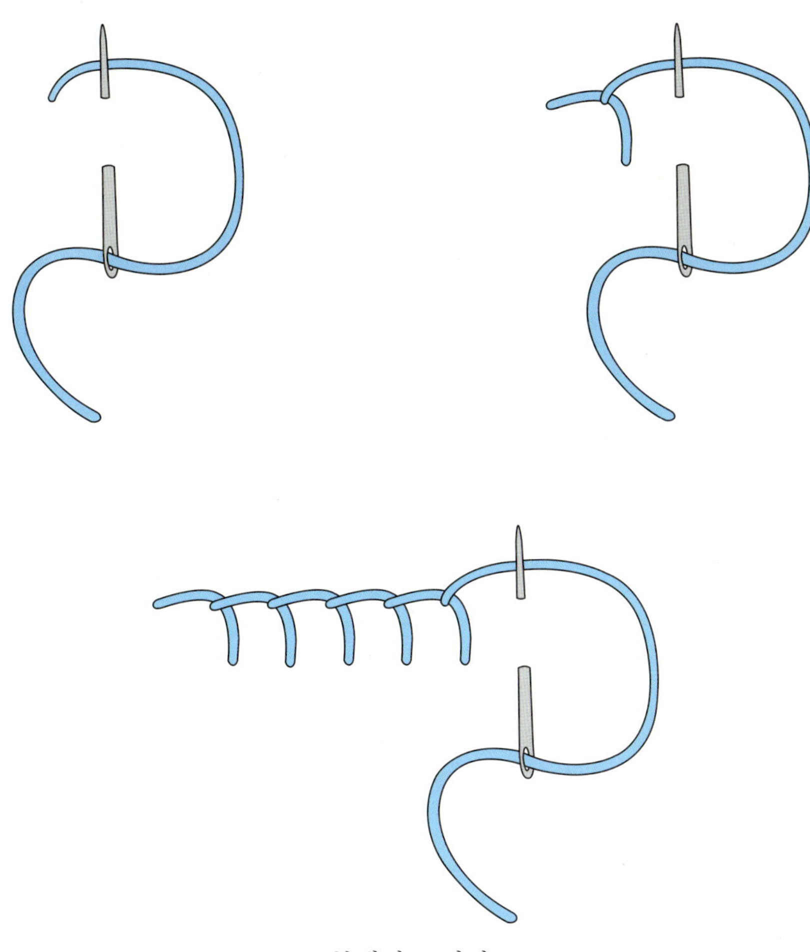

블랭킷 스티치
BLANKET STITCH

세로 땀을 하는 스티치

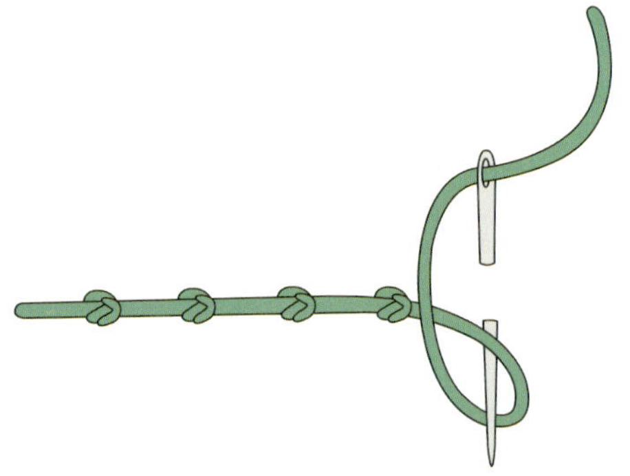

코럴 스티치
CORAL STITCH

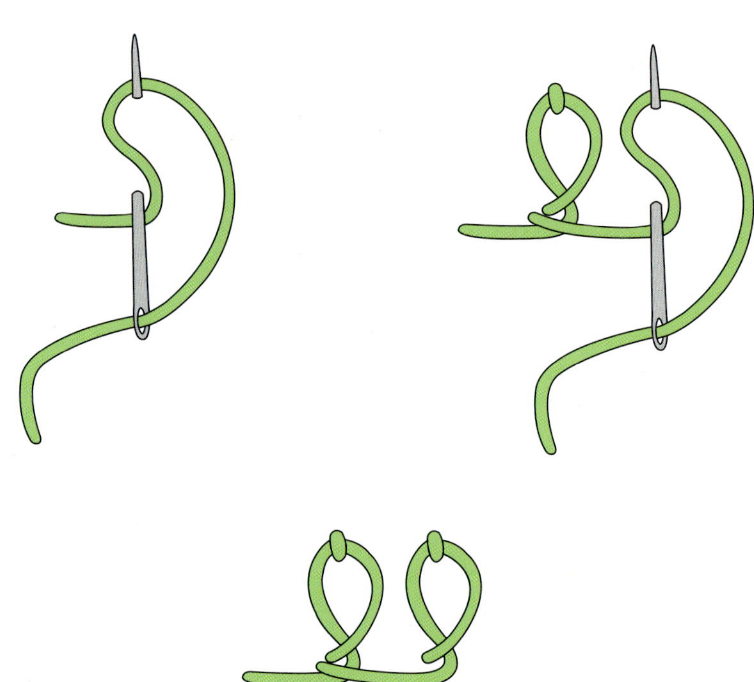

바스크 스티치
BASQUE STITCH

▲ 기준선이 필요한 스티치

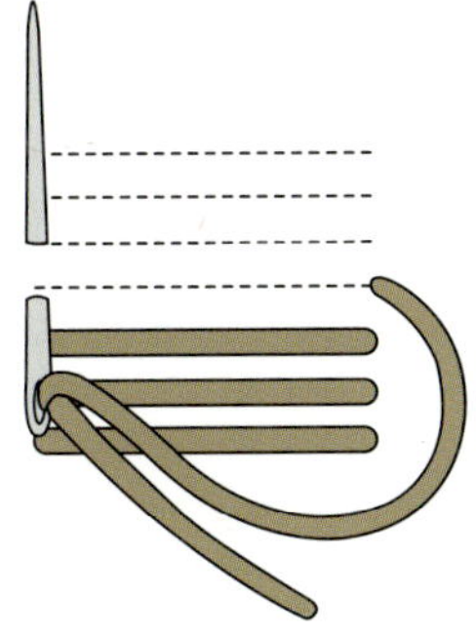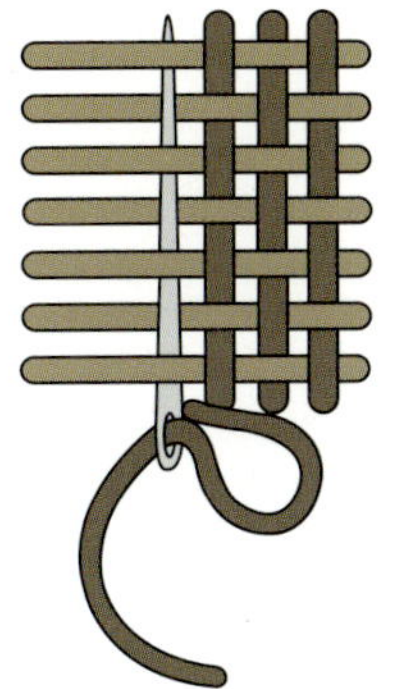

바스켓 스티치
BASKET STITCH

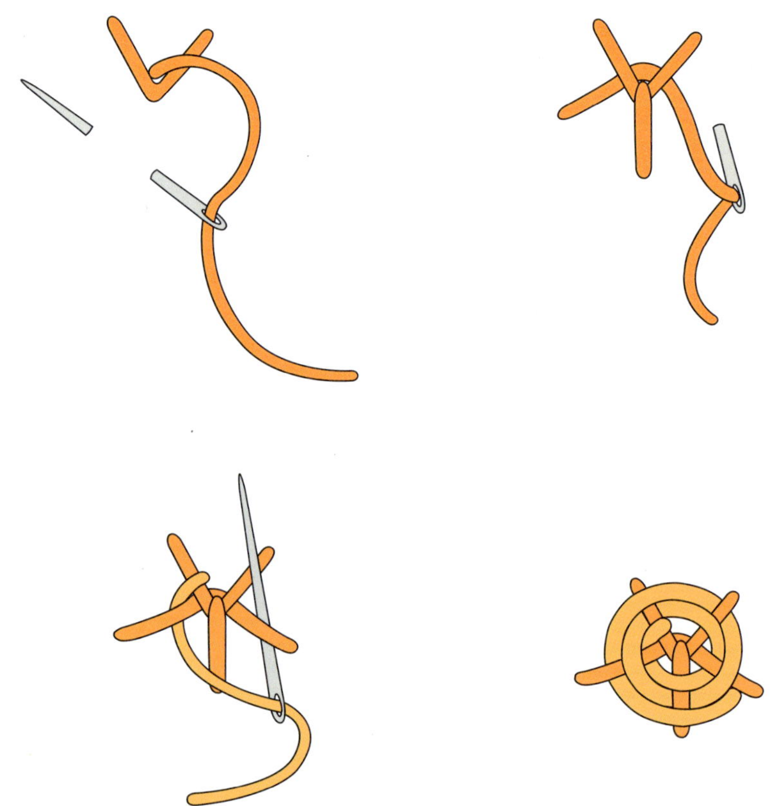

스파이더 웹 로즈 스티치

SPIDER WEB ROSE STITCH

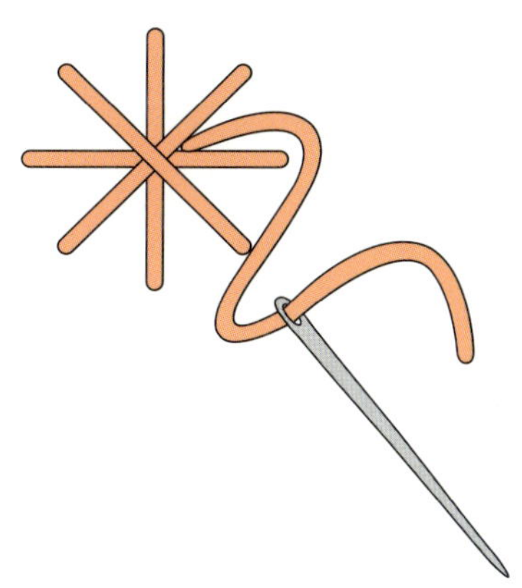

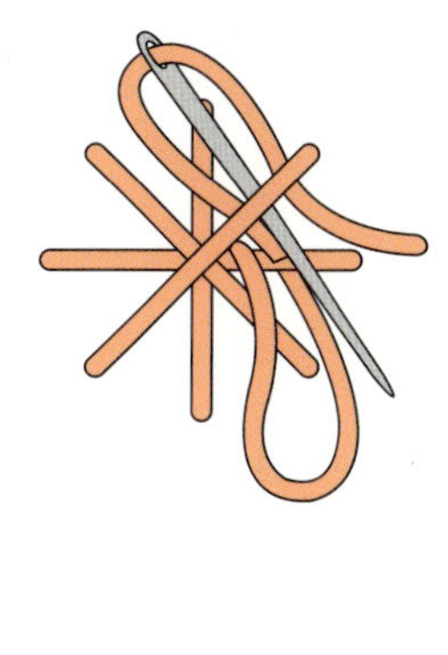

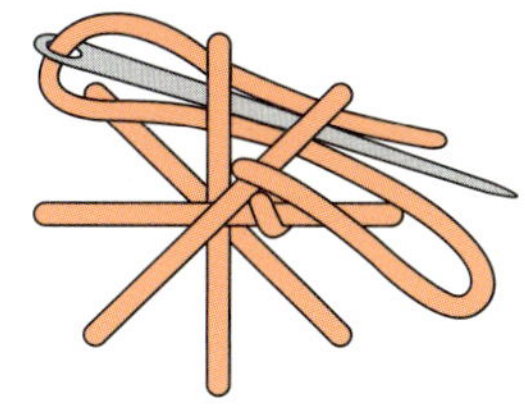

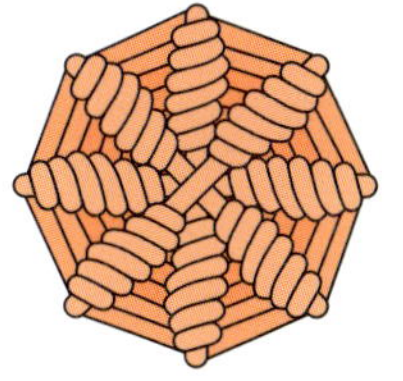

립드 스파이더 웹 스티치

RIBBED SPIDER WEB STITCH

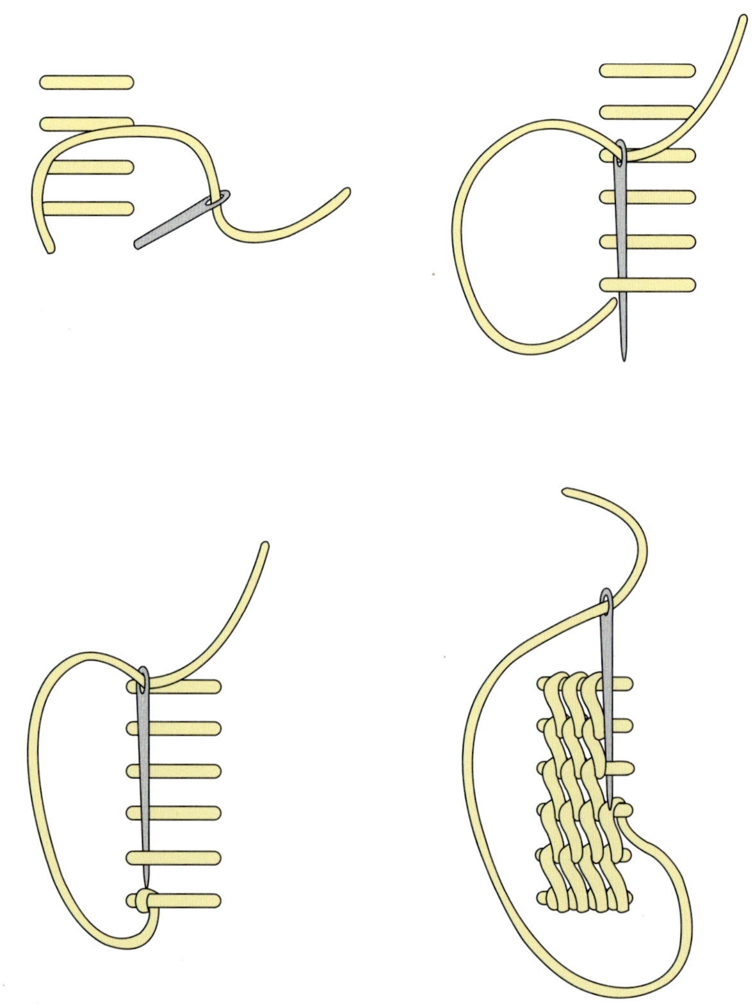

레이즈드 스템 스티치

RAISED STEM STITCH

▲ 휘프트 스티치

휘프트 체인 스티치
WHIPPED CHAIN STITCH

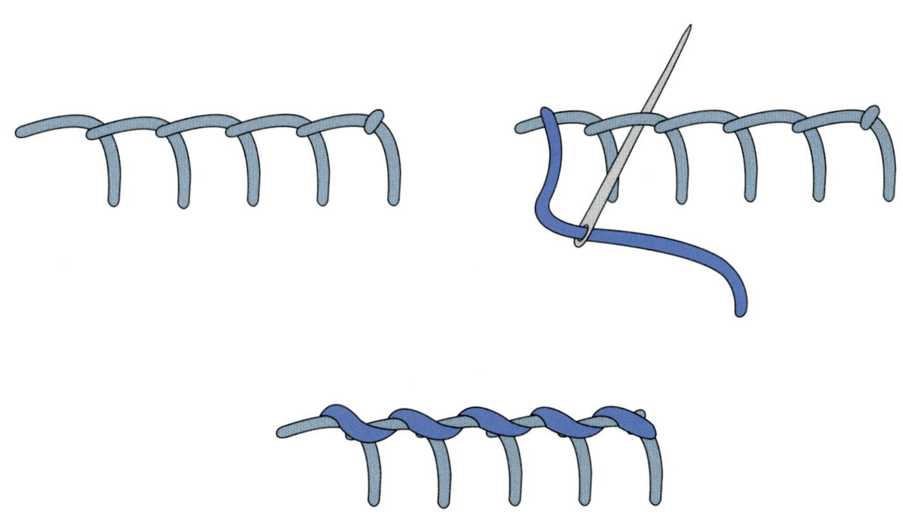

휘프트 블랭킷 스티치
WHIPPED BLANKET STITCH

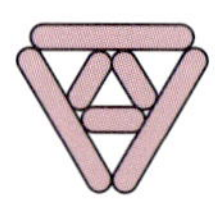

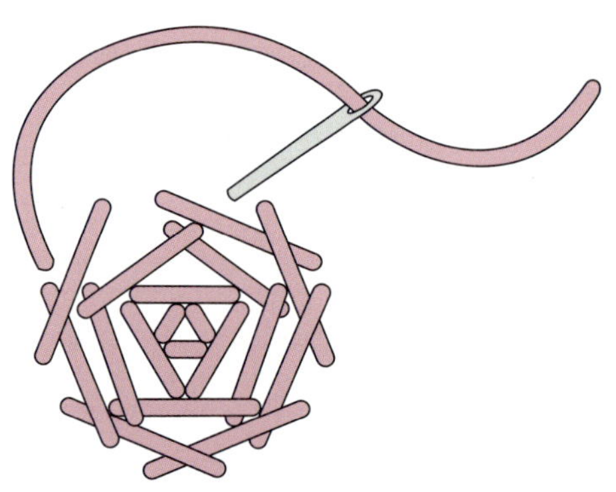

램블러 로즈 스티치
RAMBLER ROSE STITCH

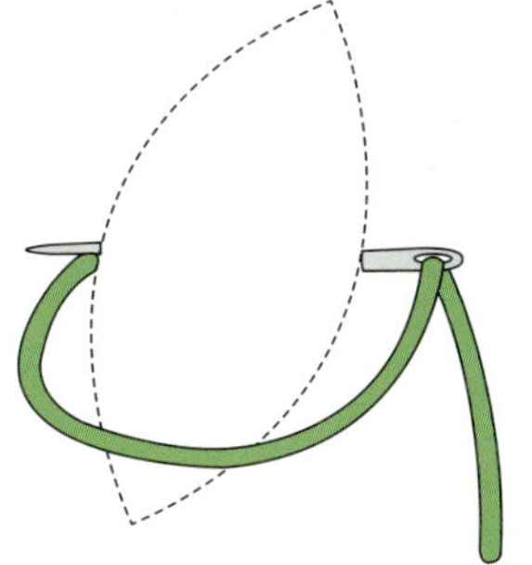
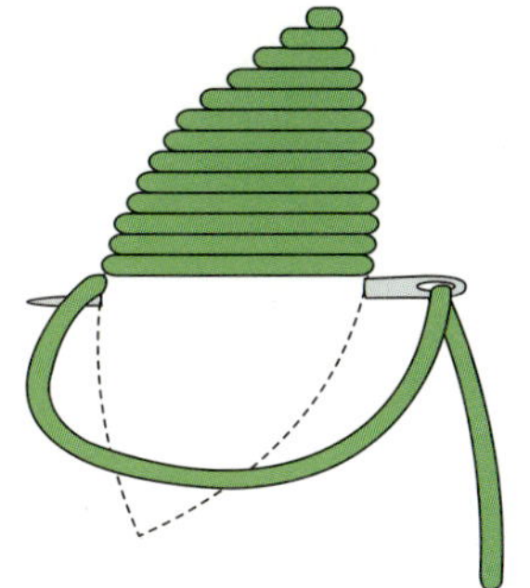

새틴 스티치
SATIN STITCH

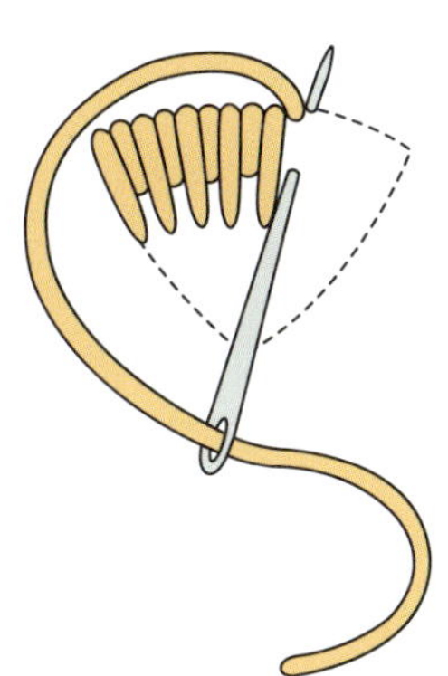
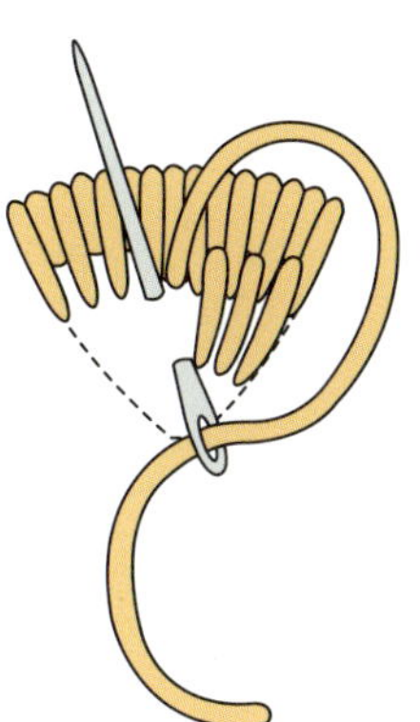
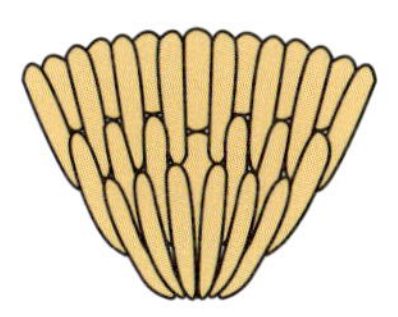

롱앤드쇼트 스티치
LONG AND SHORT STITCH

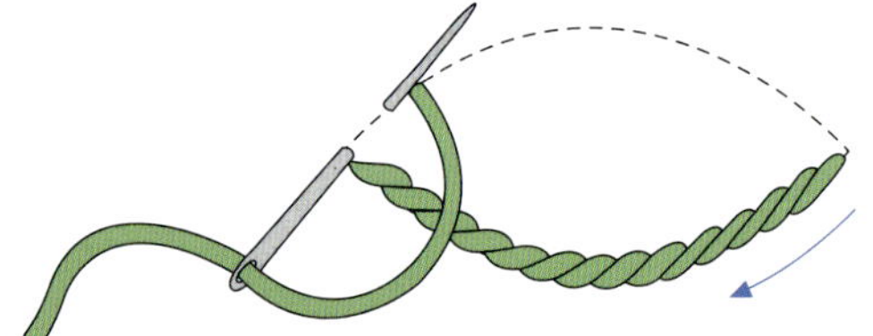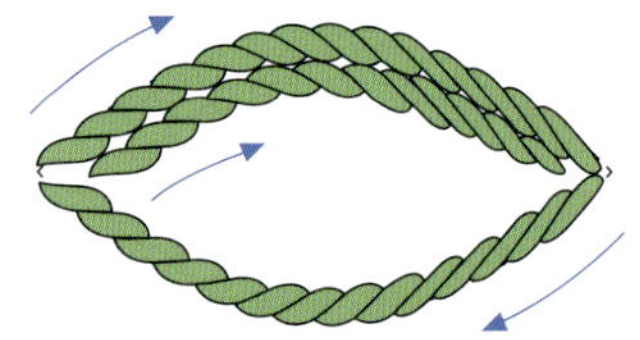

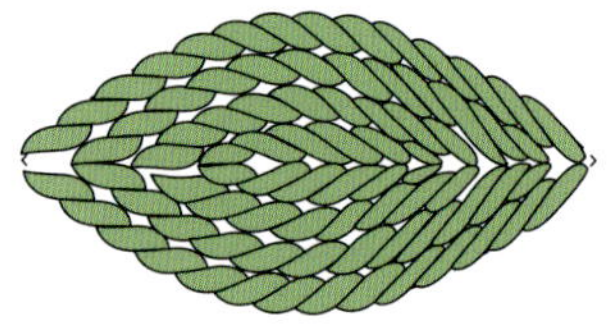

아우트라인 필링 스티치
OUTLINE FILLING STITCH

아우트라인이 아우트라인 필링이 되는 형식으로 스플릿 스티치 역시
면적을 채우는 방법으로 이 책에서 주로 사용되었습니다.

▲ 같은 땀, 다른 방향 스티치

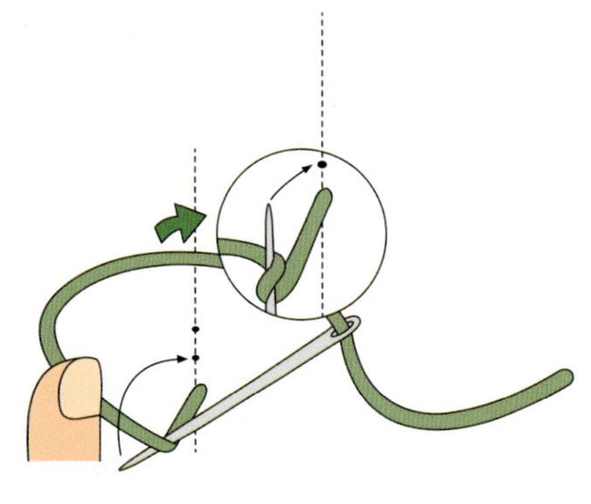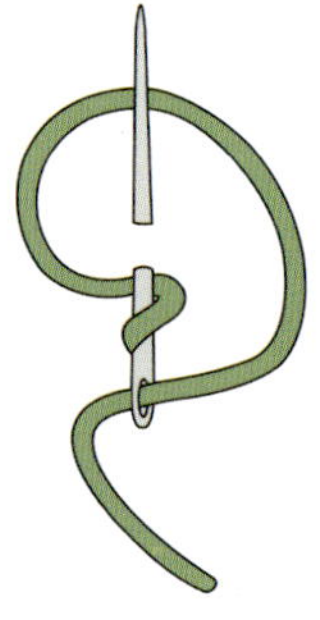

케이블 체인 스티치
CABLE CHAIN STITCH

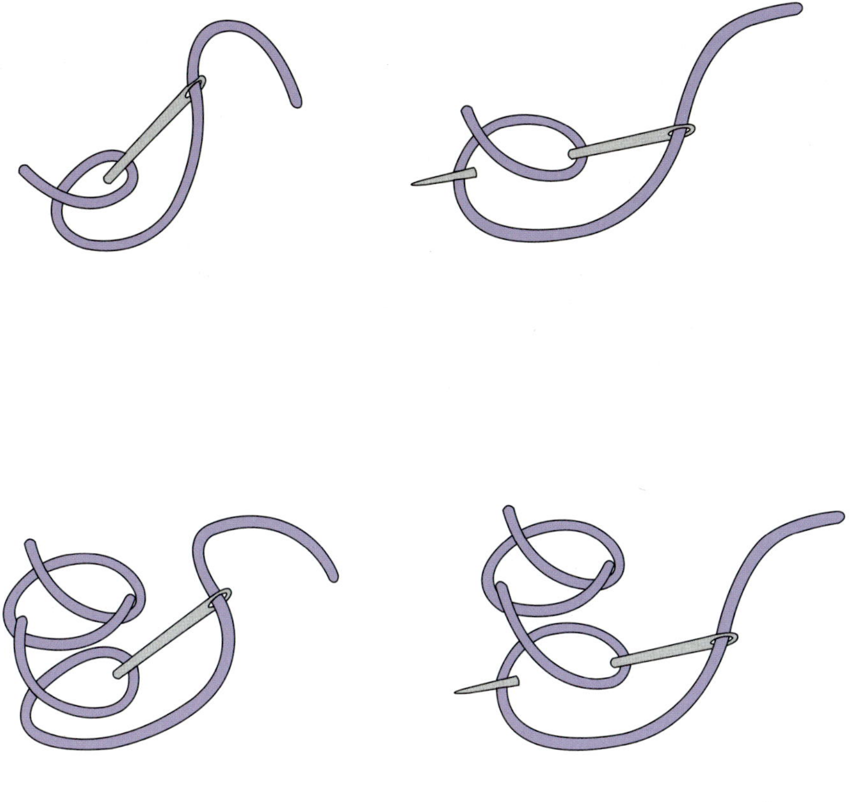

브레이드 스티치
BRAID STITCH

두 스티치는 같은 순서지만, 방향성에 따라 확연하게 형태가 바뀌는 스티치입니다.

케이블 스티치/팔레스트리나 스티치

CABLE STITCH/PALESTRINA STITCH

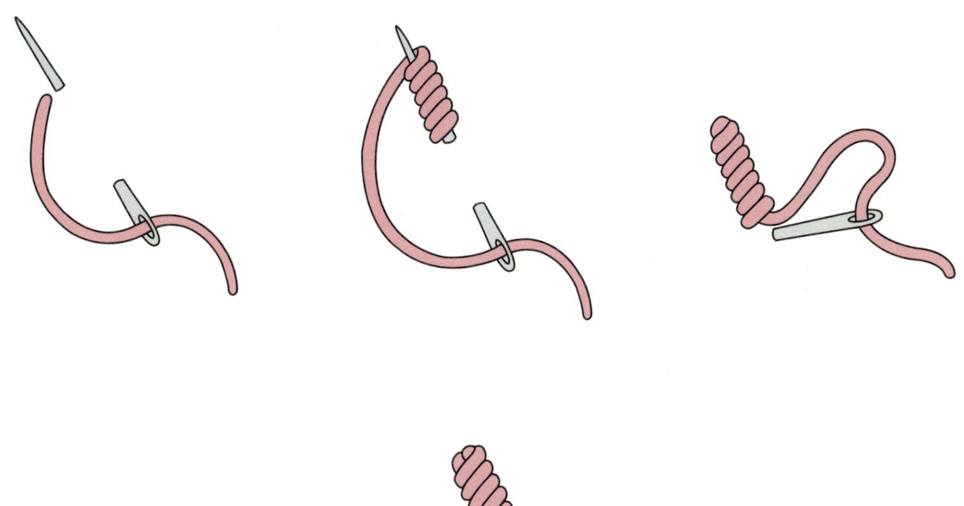

블리온 스티치
BULLION STITCH

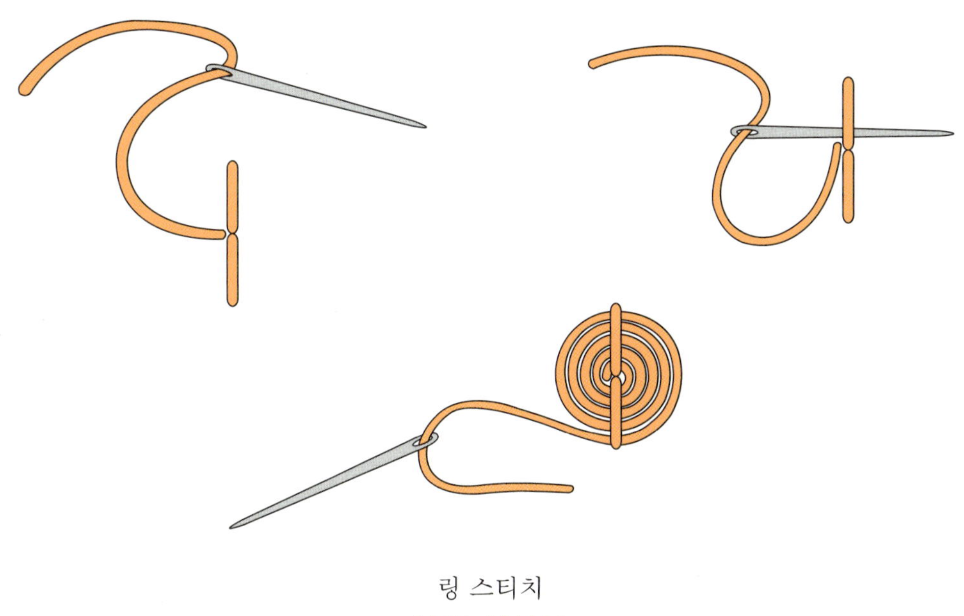

링 스티치
RING STITCH

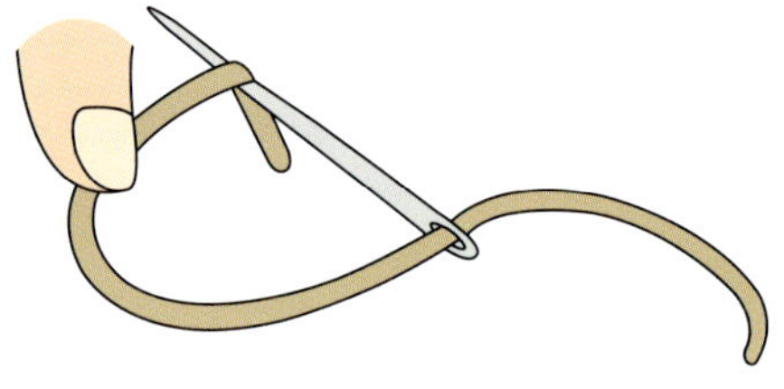
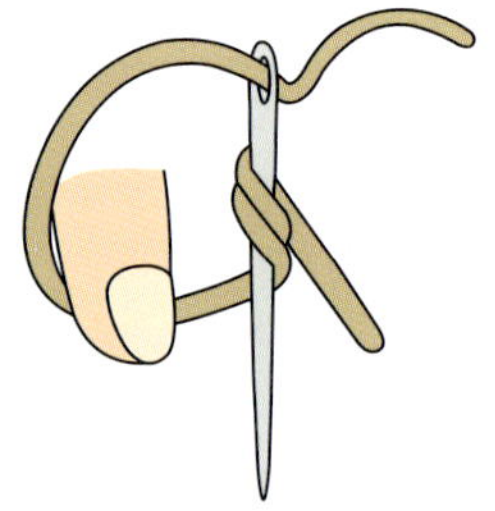
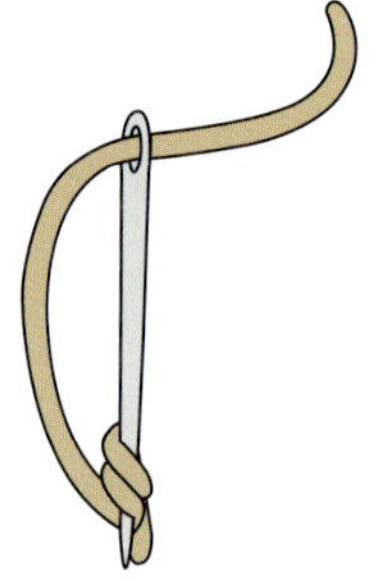

프렌치 노트 스티치
FRENCH KNOT STITCH

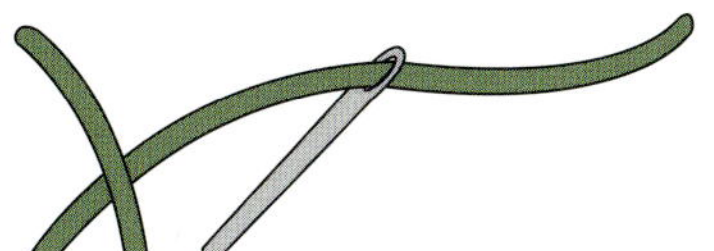

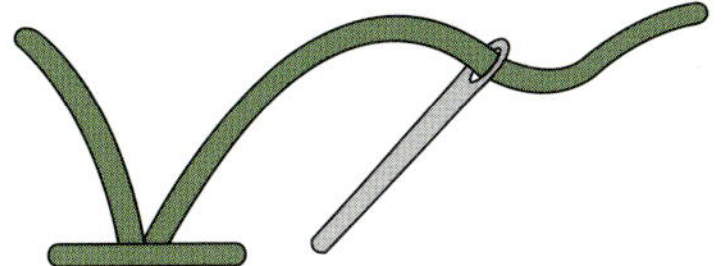

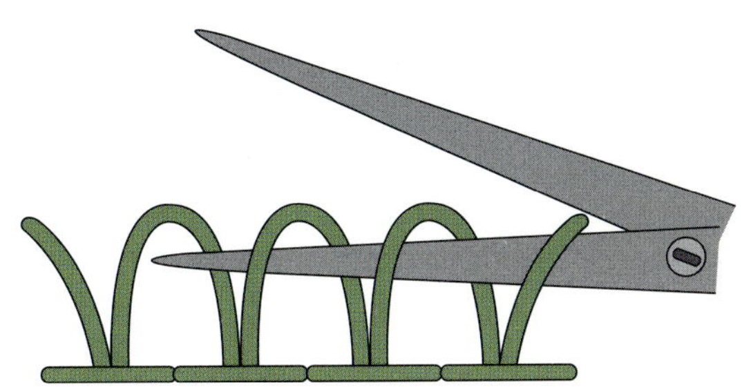

터키 스티치
TURKEY STITCH

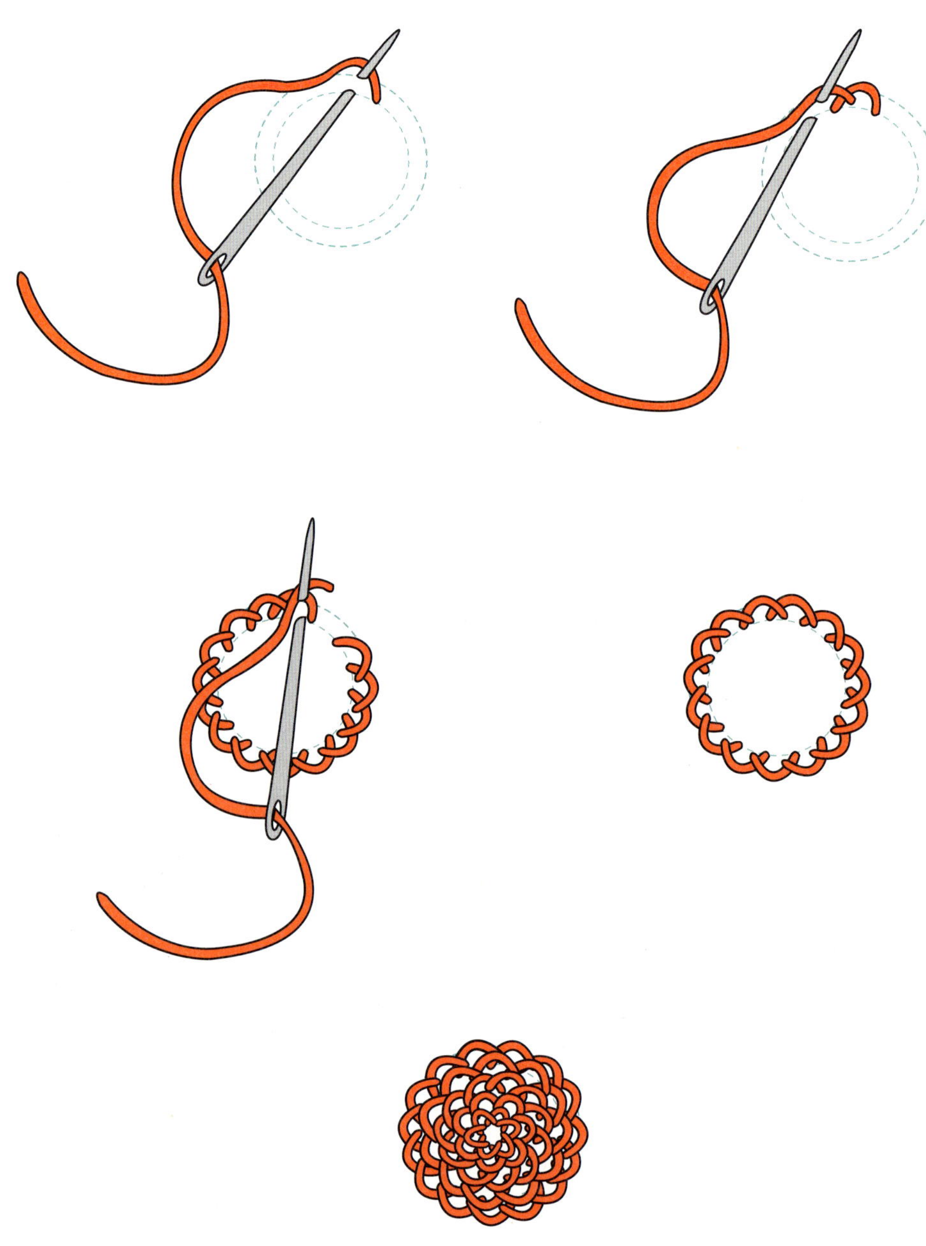

루프트 블랭킷 스티치

LOOPED BLANKET STITCH

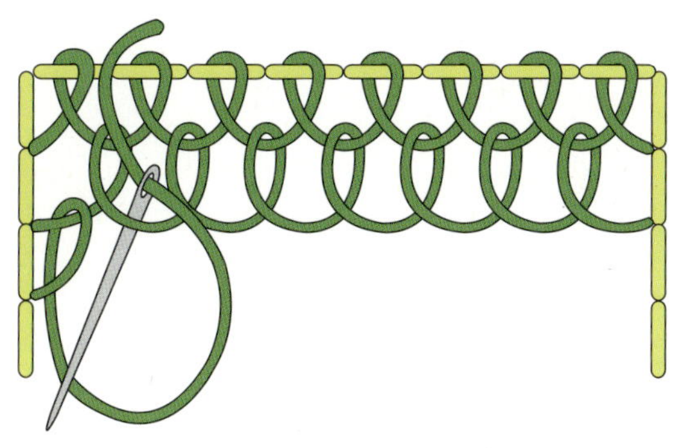

디태치드 버튼홀 스티치
DETACHED BUTTONHOLE STITCH

NEVER LAND
N
W
E
S

FANTASY

꿈꾸는 동심, 불현듯 생각나는 허구와 몽상
현실 불가능한 생각과 상상들은 판타지를 통해 성취될 수 있습니다.

매일 같은 일상이 반복될 즈음 실과 바늘로 그림을 그리게 되었습니다.
나만의 판타지를 그려나갈 수 있는 곳!
실과 바늘이 있으면 답답한 일상에서는 불가능했던 생각과
상상들이 혼자만의 판타지 세상이 되어 만날 수 있었죠.
내가 그랬듯이, 두려움과 신비함의 경계에 있는 판타지 장르를 통해
어떤 이는 어릴 적 동심을 접할 수도 있고,
어떤 이는 아주 먼 미래를 경험할 수도 있을 것입니다.
사랑스럽고 아름다운 자수의 느낌과 대비되는 몽환적이고 기괴한 설정에서
짜릿한 일탈을 맛볼 수 있어 좋아하는 장르입니다.
우리 모두가 한 번쯤 허구와 몽상으로 들어가 지쳐 있는
일상에서 탈출할 수 있길 바라는 마음을 꿈꾸며 담아보았습니다.
그것은 누구에게나 내재된 소망일 수 있기에….

NEVER LAND
N
W
E
S

보물섬

▲ **사용한 원단**

25×30cm 11수 리넨

▲ **사용한 실 번호**

dmc 25번사 310, 319, 436, 500, 501, 503, 562, 645, 742, 779, 800,
830, 909, 928, 939, 945, 966, 976, 977, 996, 3011, 3046,
3726, 3853, 3865

▲ **사용한 스티치**

러닝 스티치, 백 스티치, 스트레이트 스티치, 아우트라인 스티치, 아우
트라인 필링 스티치, 체인 스티치, 케이블 체인 스티치, 프렌치 노트 스
티치

깃발
- 깃발 안에 들어간 NEVER LAND 철자는 스트레이트로 스티치를 해주며, 철자의 긴 부분(세로 획)을 먼저 잡아준 후 위아래의 짧은 가로 스티치를 해줍니다.
- 알파벳 D의 곡선은 백 스티치로 자연스러운 라인을 만들어줍니다.

산, 해골
- 새틴으로 베이스를 채운 후 묘사 부분(산꼭대기, 해골 이빨, 콧구멍)은 새틴 스티치 위를 살며시 덮듯이 스트레이트 스티치를 합니다.

쇠사슬
- 야자수 아래의 파도를 체인으로 스티치한 후 그 위를 지나가면서 케이블 체인 스티치를 합니다.

나침반
- 나침반의 둥근 형태 중 검정 라인을 먼저 잡은 후 밖의 체인을 스티치합니다.
- 프렌치 노트 스티치는 3가닥의 실을 두 번 감아 만듭니다.

완성도를 높이는 팁

- 스티치와 스티치가 겹치는 부분은 순서를 정해 자연스럽게 겹쳐가며 진행하는 것이 인위적이지 않습니다.
- 도안의 요소 중 색칠하듯 면적을 채우는 부분들은 테두리 라인부터 스티치한 후에 안쪽을 채우는 순서가 깔끔하게 완성됩니다.

NEVER LAND
N
W
E
S

• 도안 설명은 스티치→실 번호→(실의 가닥수)로 표기했습니다.
예) 체인s 452(2) : 452번 실 2가닥으로 체인 스티치를 합니다.

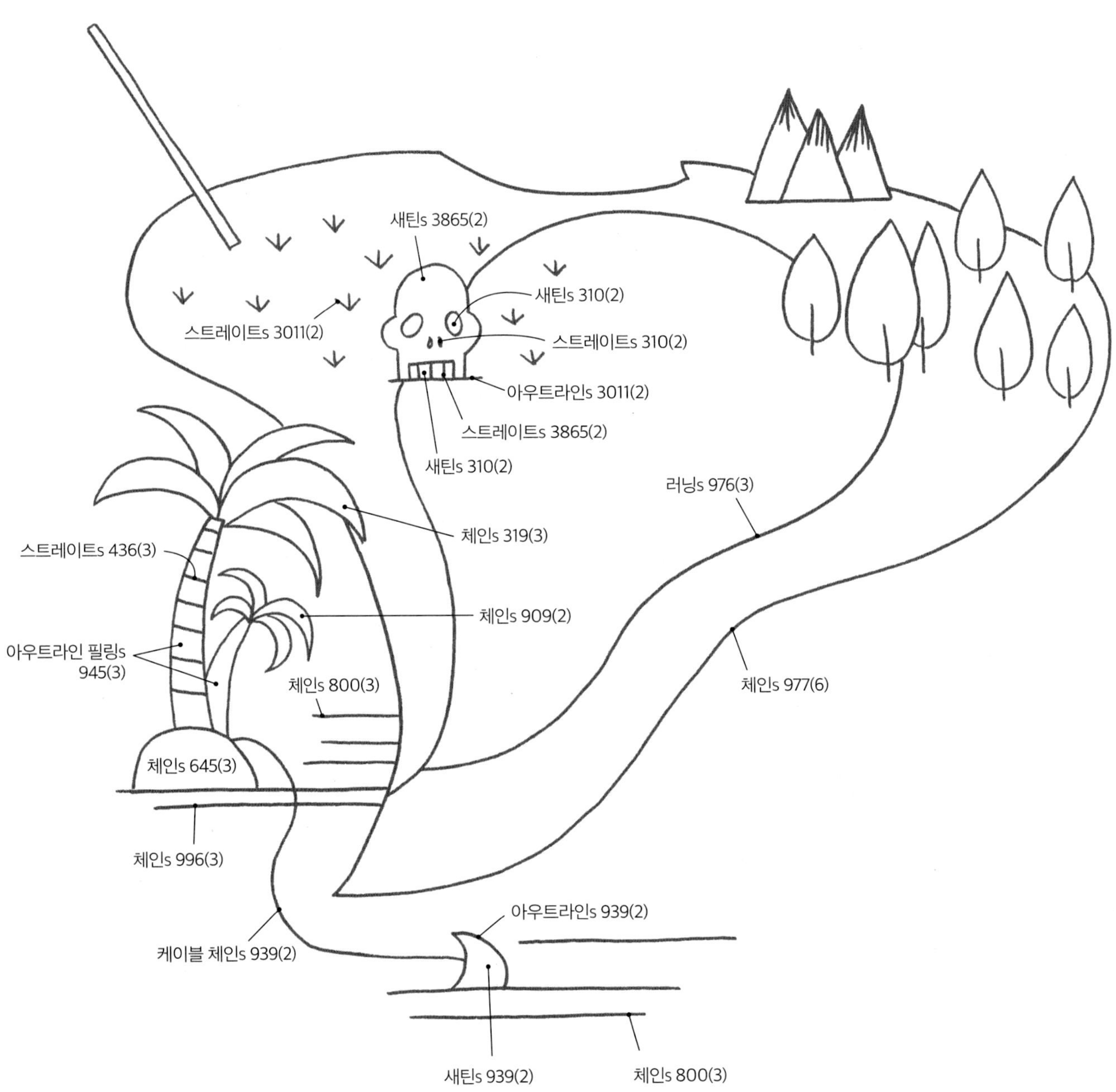

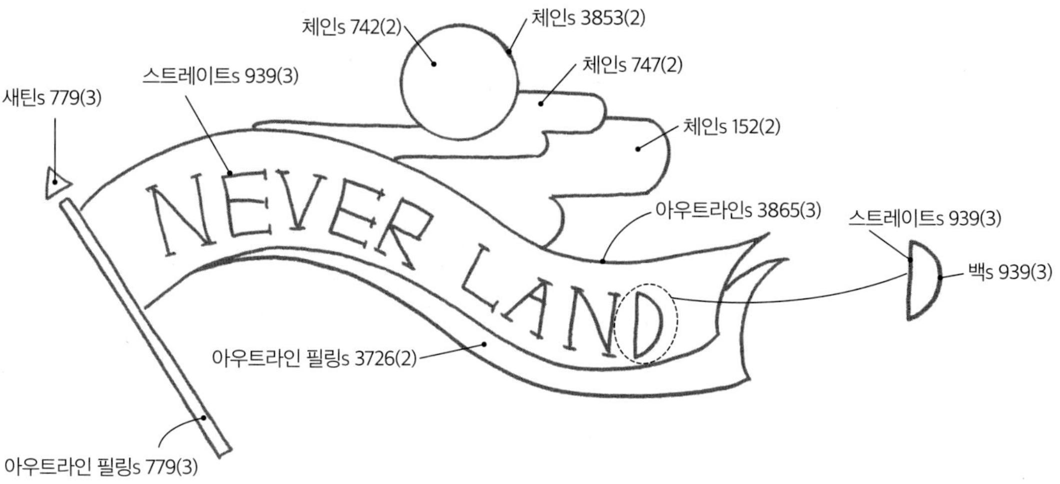
체인s 742(2)
체인s 3853(2)
체인s 747(2)
체인s 152(2)
스트레이트s 939(3)
새틴s 779(3)
아우트라인 3865(3)
스트레이트s 939(3)
백s 939(3)
NEVER LAND
아우트라인 필링s 3726(2)
아우트라인 필링s 779(3)

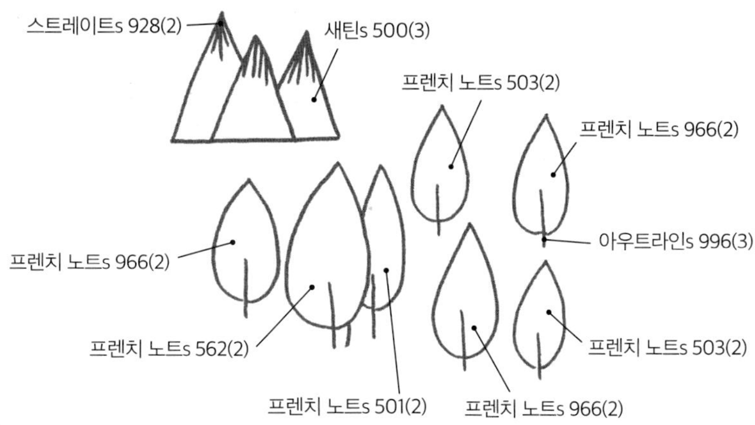
스트레이트s 928(2)
새틴s 500(3)
프렌치 노트s 503(2)
프렌치 노트s 966(2)
아우트라인s 996(3)
프렌치 노트s 966(2)
프렌치 노트s 503(2)
프렌치 노트s 562(2)
프렌치 노트s 501(2)
프렌치 노트s 966(2)

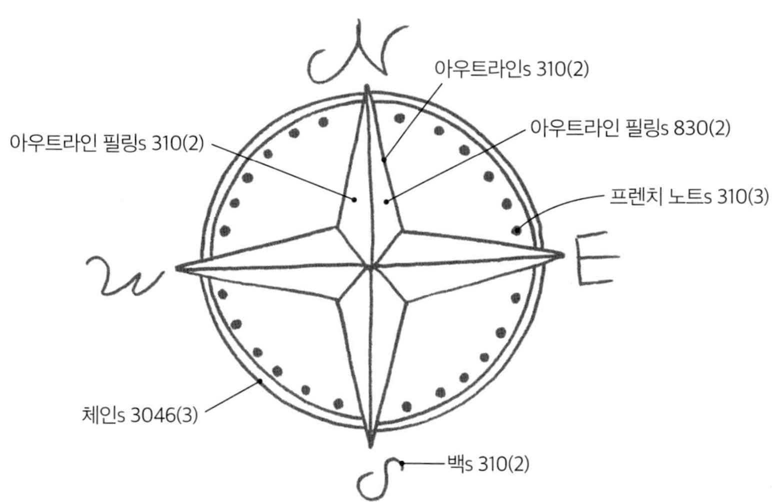
아우트라인s 310(2)
아우트라인 필링s 310(2)
아우트라인 필링s 830(2)
프렌치 노트s 310(3)
N
W
E
체인s 3046(3)
백s 310(2)

인어가 된 은자

▲ **사용한 원단**

20×22cm 융

▲ **사용한 실 번호**

dmc 4번사 2131
dmc 25번사 703, 907, 924, 927, 931, 943, 966, 3022, 3348, 3768,
3811, 3816, 3845

▲ **사용한 스티치**

디태치드 버튼홀 스티치, 백 스티치, 새틴 스티치, 스트레이트 스티치,
시딩 스티치, 아웃라인 스티치, 아웃라인 필링 스티치, 체인 스티
치, 페더 스티치, 프렌치 노트 스티치, 휘프트 체인 스티치

▲ 수놓는 방법

머리카락 • 4번사 5가닥으로 2번 감아 프렌치 노트 스티치를 합니다.

몸통 • 아우트라인 필링으로 색칠하듯 도안을 채워준 후 그 위를 4번사로 디태치드 버튼홀 스티치를 합니다.

해마 • 갈귀 부분은 새틴 스티치로 가득 채운 후, 안쪽은 스트레이트 스티치로 새틴 스티치 위를 덮듯이 스티치를 합니다.

  • 3가닥을 3번 감아 프렌치 노트 스티치를 합니다.

완성도를 높이는 팁

  • 4번사의 특성상 마찰이 많이 일어날 경우 실이 끊어질 수 있습니다.
  인어의 비늘을 스티치할 경우 실을 길게 커팅해서 마찰이 잦아지면 스티치 도중 실이 끊어질 수도 있으니, 짧게 커팅해서 자주 갈아주세요.

  • 산호의 페더 스티치는 정석적인 좌우대칭의 형태를 벗어나서 각도를 자유롭게 잡아주는 게 자연스럽습니다.

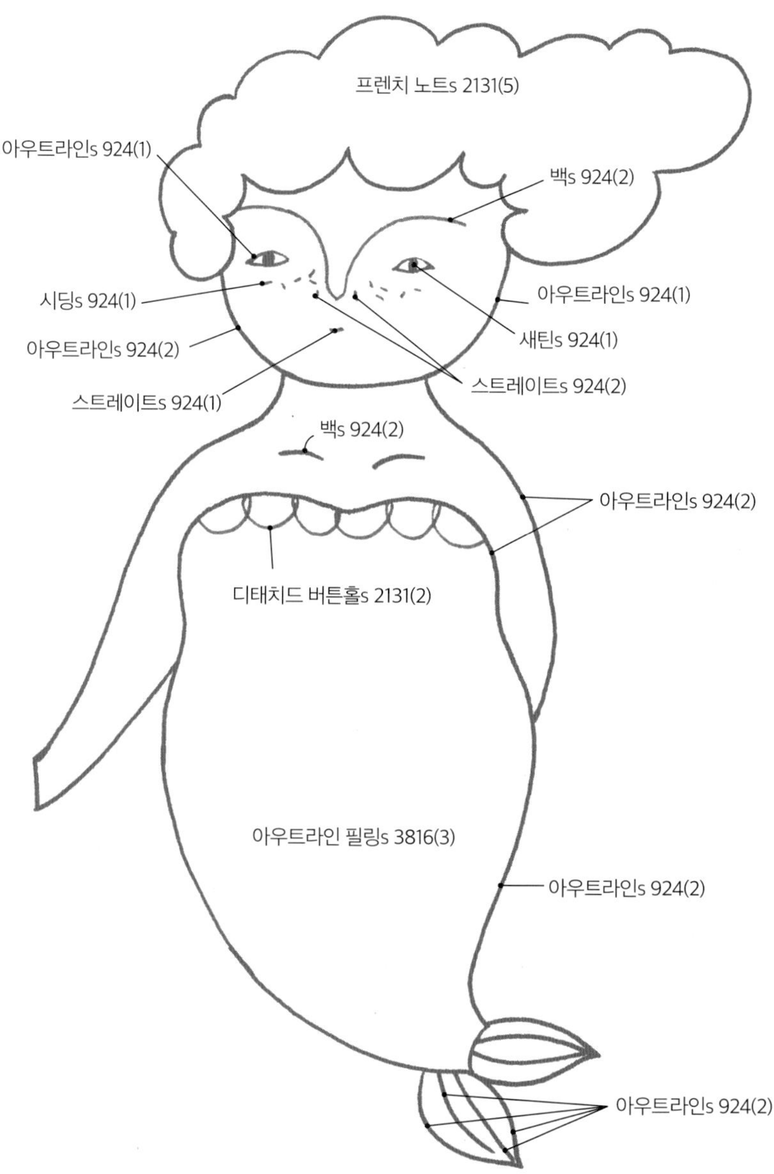

• 도안 설명은 스티치→실 번호→(실의 가닥수)로 표기했습니다.
  예) 체인s 452(2) : 452번 실 2가닥으로 체인 스티치를 합니다.

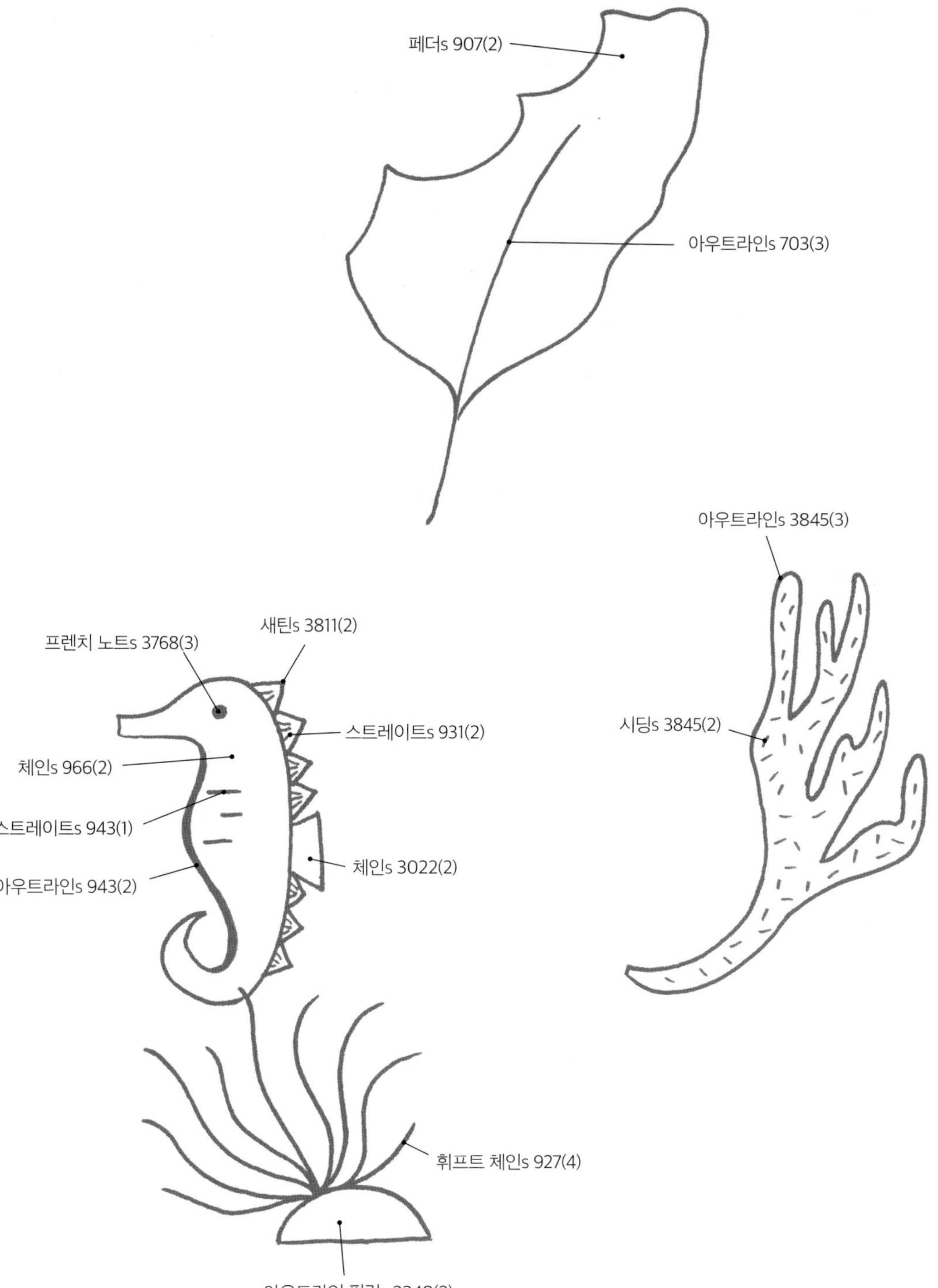

페더s 907(2)
아우트라인s 703(3)
아우트라인s 3845(3)
시딩s 3845(2)
프렌치 노트s 3768(3)
새틴s 3811(2)
스트레이트s 931(2)
체인s 966(2)
스트레이트s 943(1)
체인s 3022(2)
아우트라인s 943(2)
휘프트 체인s 927(4)
아우트라인 필링s 3348(2)

얼음마녀

▲ **사용한 원단**

23×22cm 리넨

▲ **사용한 실 번호**

dmc 25번사 310, 451, 452, 501, 632, 744, 803, 928, 945, 976, 3823, 3865

▲ **사용한 스티치**

레이지 데이지 스티치, 롱앤드쇼트 스티치, 리프 스티치, 백 스티치, 새 틴 스티치, 스트레이트 스티치, 스플릿 스티치, 아우트라인 스티치, 아우 트라인 필링 스티치, 체인 스티치, 프렌치 노트 스티치, 플라이 스티치

▲ 수놓는 방법

달
- 각 1가닥씩 두 가지의 컬러를 한 바늘에 꿰어 믹스된 컬러를 사용해서 스플릿 스티치를 합니다.

눈 결정체
- 리프 스티치가 끝나는 지점에서 백 스티치로 도안을 연결해줍니다.

- 프렌치 노트 스티치는 2가닥의 실을 각 세 번(큰 도안), 두 번(작은 도안)씩 감아 만들어줍니다.

까마귀, 마녀
- 색칠하듯 면을 채우는 부분은 아우트라인 스티치로 형태 라인을 먼저 만들어준 후, 안쪽을 각 해당하는 기법으로 스티치를 합니다.

- 눈동자는 2가닥을 3번 감아 만들어줍니다.

산
- 스플릿 스티치로 채운 후, 그 위를 덮듯이 스트레이트 스티치를 합니다.

꽃
- 3가닥을 네 번 감아 프렌치 노트 스티치를 만들어줍니다.

- 마녀 부분의 스티치는 자연스럽게 결의 방향에 따라 채우되, 얼굴과 몸통의 롱앤드 쇼트 스티치는 수직으로 방향을 잡는 방법으로 깔끔하게 마무리합니다.

- 얼음산 봉우리는 새틴 스티치에 해당하나, 스트레이트 스티치의 느낌으로 땀 길이가 일정하지 않게 스티치를 합니다.

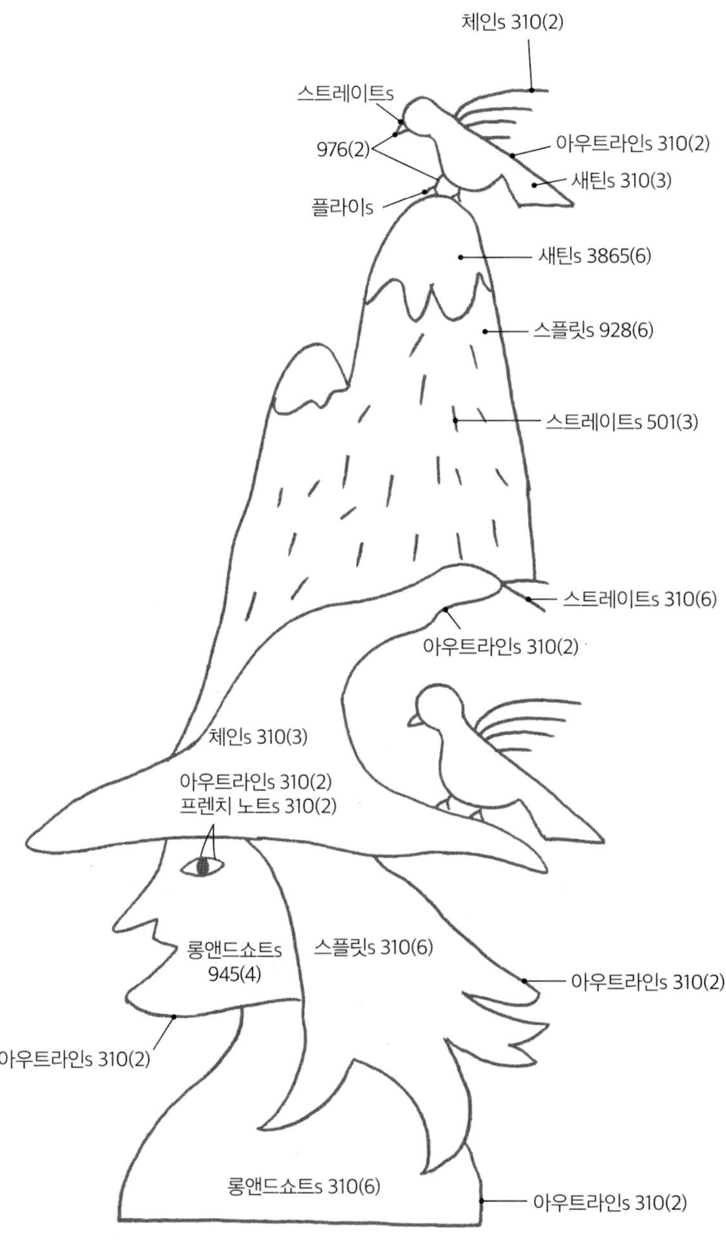

- 모자 위의 꺼미 귀외 얼음산 위의 까마귀에 사용된 실의 가닥수는 동일합니다
- 얼음 결정체에 사용된 실의 가닥수도 동일합니다.
- 도안 설명은 스티치→실 번호→(실의 가닥수)로 표기했습니다.
  예) 체인s 452(2) : 452번 실 2가닥으로 체인 스티치를 합니다.

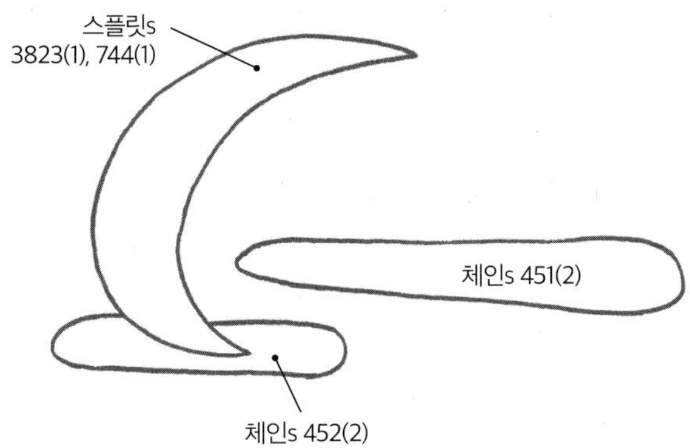

스플릿s
3823(1), 744(1)
체인s 451(2)
체인s 452(2)

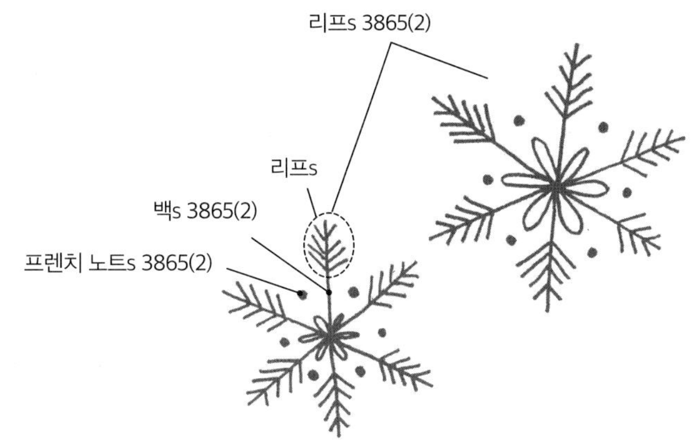

리프s 3865(2)
리프s
백s 3865(2)
프렌치 노트s 3865(2)

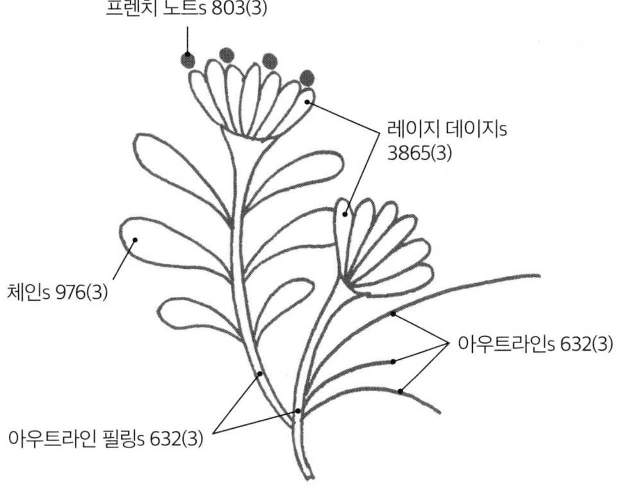

프렌치 노트s 803(3)
레이지 데이지s
3865(3)
체인s 976(3)
아우트라인s 632(3)
아우트라인 필링s 632(3)

JUSTICE

▲ **사용한 원단**

25×30cm 리넨

▲ **사용한 실 번호**

dmc 25번사 161, 307, 310, 352, 433, 445, 500, 501, 677, 739, 783, 840, 927, 928, 938, 973, 986, 3770, 3808, 3855, 3865

▲ **사용한 스티치**

램블러 로즈 스티치, 롱앤드쇼트 스티치, 백 스티치, 새틴 스티치, 스트레이트 스티치, 시딩 스티치, 아우트라인 스티치, 아우트라인 필링 스티치, 체인 스티치, 프렌치 노트 스티치

▲ 수놓는 방법

새

• 눈동자는 2가닥을 2번 감아 프렌치 노트 스티치를 합니다.

얼굴

• 얼굴의 형태는 1가닥의 실을 사용해서 아우트라인 스티치를 한 후, 다시 라인의 바깥쪽에서 시작하여 안쪽의 아우트라인이 감춰지도록 새틴 스티치를 합니다.

저울

• 순서상 망토를 먼저 스티치한 후, 그 위 도안을 따라 살며시 저울 라인을 스티치한 후 삼각형 안쪽을 새틴 스티치를 합니다.

검

• 손잡이의 프렌치 노트 스티치는 3가닥을 3번 감아줍니다.

완성도를 높이는 팁

• 손을 묘사할 때 검의 손잡이 부분을 먼저 스티치한 후에, 손잡이와 겹치도록 새틴 스티치를 해주면 손의 묘사가 더 자연스럽게 됩니다.

• 눈동자는 검은자와 흰자의 각 꼭짓점(중앙)을 기준으로 반쪽씩 면을 채워 완성하면 균형을 쉽게 잡을 수 있습니다.

• 도안 설명은 스티치 → 실 번호 → (실의 가닥수)로 표기했습니다.
예) 체인s 452(2) : 452번 실 2가닥으로 체인 스티치를 합니다.

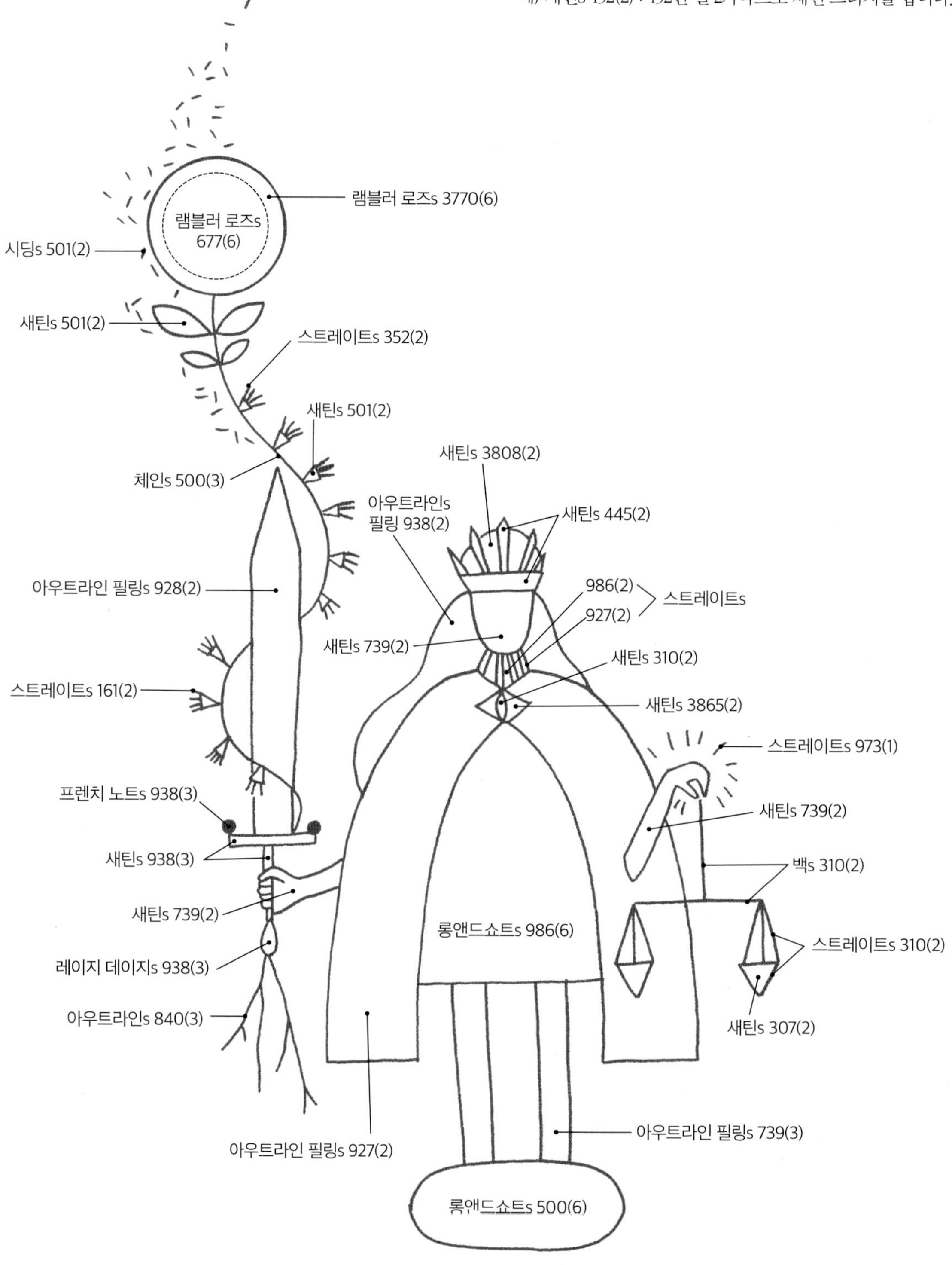
램블러 로즈s 3770(6)
램블러 로즈s 677(6)
시딩s 501(2)
새틴s 501(2)
스트레이트s 352(2)
새틴s 501(2)
체인s 500(3)
새틴s 3808(2)
아우트라인s 필링 938(2)
새틴s 445(2)
986(2)
927(2)
스트레이트s
새틴s 310(2)
아우트라인 필링s 928(2)
새틴s 739(2)
새틴s 3865(2)
스트레이트s 161(2)
스트레이트s 973(1)
새틴s 739(2)
프렌치 노트s 938(3)
새틴s 938(3)
백s 310(2)
새틴s 739(2)
롱앤드쇼트s 986(6)
스트레이트s 310(2)
레이지 데이지s 938(3)
새틴s 307(2)
아우트라인s 840(3)
아우트라인 필링s 739(3)
아우트라인 필링s 927(2)
롱앤드쇼트s 500(6)

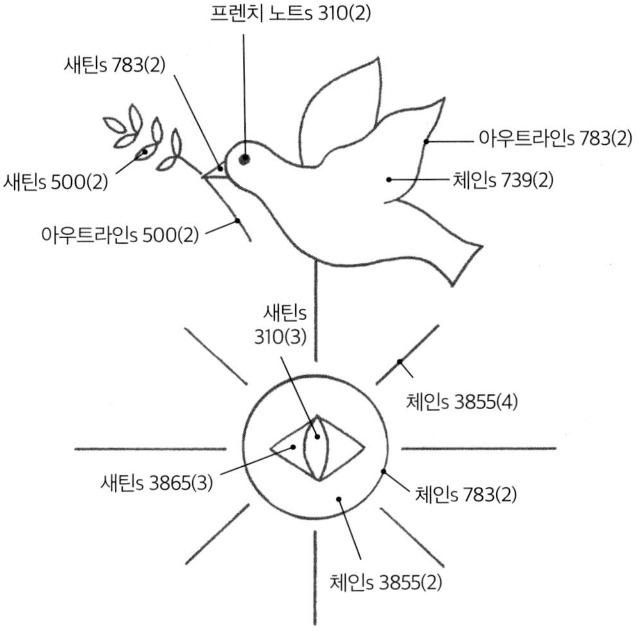
프렌치 노트s 310(2)
새틴s 783(2)
새틴s 500(2)
아우트라인s 500(2)
아우트라인s 783(2)
체인s 739(2)
새틴s 310(3)
체인s 3855(4)
새틴s 3865(3)
체인s 783(2)
체인s 3855(2)

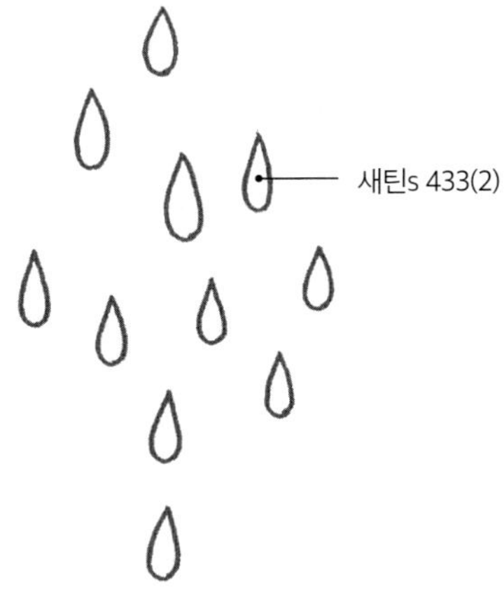
새틴s 433(2)

Moon Rabbit

▲ 사용한 원단

24×30cm 리넨

▲ 사용한 실 번호

dmc 25번사 223, 310, 333, 347, 351, 414, 502, 517, 632, 746, 792, 796, 799, 803, 919, 924, 931, 938, 939, 964, 976, 3041, 3371, 3608, 3825

▲ 사용한 스티치

러닝 스티치, 레이지 데이지 스티치, 립드 스파이더 웹 스티치, 바스켓 스티치, 스트레이트 스티치, 시딩 스티치, 새틴 스티치, 아우트라인 필 링스티치, 체인 스티치, 프렌치 노트 스티치, 플라이 스티치

▲ 수놓는 방법

별
- 2가닥을 세 번 감아 프렌치 노트 스티치를 합니다(토끼 눈, 기하학 문양 동일).

바스켓 스티치 행성
- 가로 선(223)을 먼저 스트레이트 스티치로 기준선을 잡은 후 세로 스티치를 해서 완성합니다.

완성도를 높이는 팁

- 바스켓 스티치 중 세로 스티치를 밀도감 있게 잡을수록 처음의 기준선(가로선)이 되었던 실 컬러의 면적은 줄어듭니다.

- 토끼, 구름, 행성(바스켓 행성은 제외)을 스티치할 때 도안의 테두리를 시작으로 스티치를 진행하면 좀 더 깔끔하게 마무리됩니다.

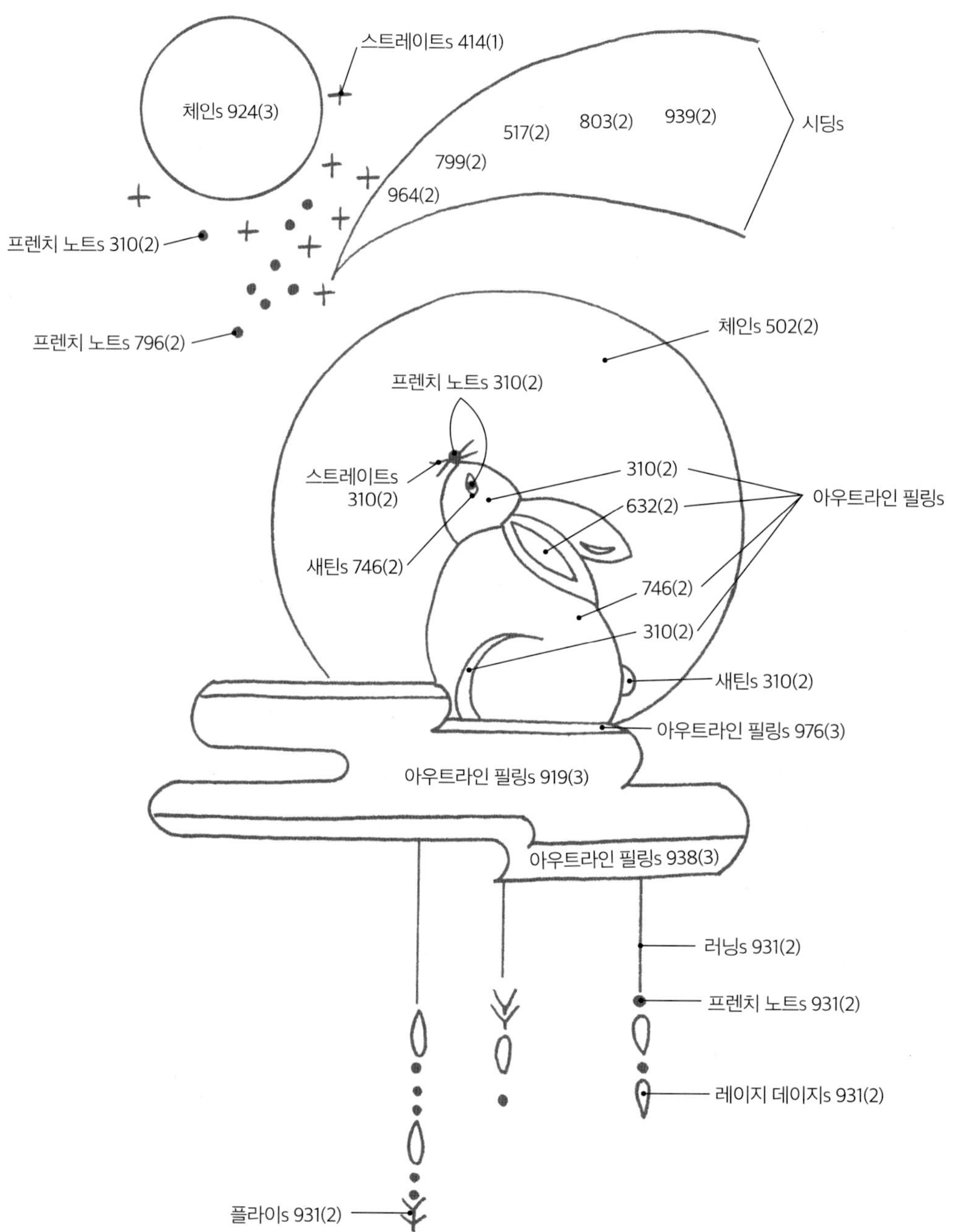

스트레이트s 414(1)
체인s 924(3)
시딩s
517(2)
803(2)
939(2)
799(2)
964(2)
프렌치 노트s 310(2)
프렌치 노트s 796(2)
체인s 502(2)
프렌치 노트s 310(2)
스트레이트s 310(2)
310(2)
632(2)
아우트라인 필링s
새틴s 746(2)
746(2)
310(2)
새틴s 310(2)
아우트라인 필링s 976(3)
아우트라인 필링s 919(3)
아우트라인 필링s 938(3)
러닝s 931(2)
프렌치 노트s 931(2)
레이지 데이지s 931(2)
플라이s 931(2)

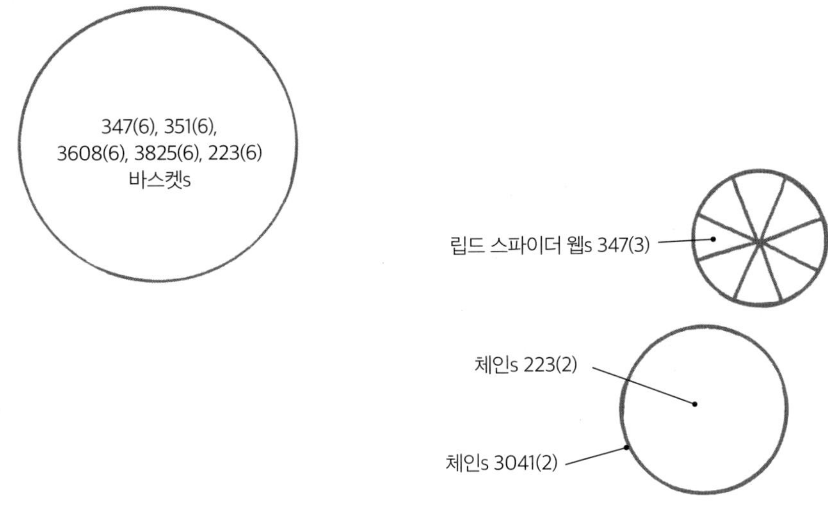

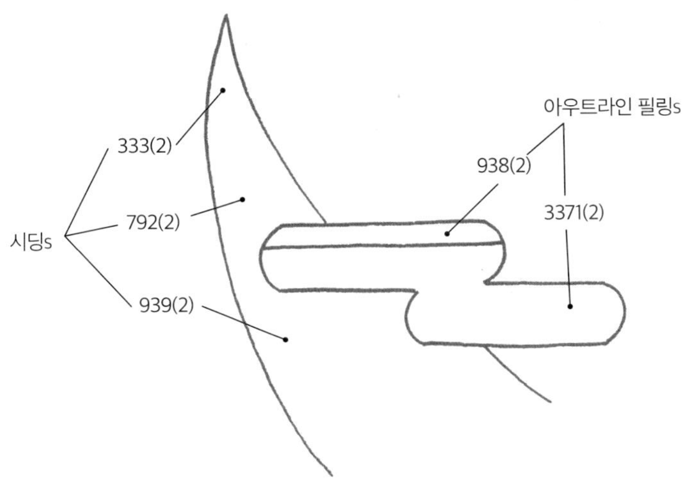

• 도안 설명은 스티치→실 번호→(실의 가닥수)로 표기했습니다.
  예) 체인s 452(2) : 452번 실 2가닥으로 체인 스티치를 합니다.

FOREST

시골집 밥 냄새, 너무나 맑아 찹찹한 공기, 이슬을 머금어 진득한 흙….
자연을 대할 때마다 답은 여전히 자연이라는 생각이 점점 더 깊어만 갑니다.
운전 중 떨어지는 빗방울이 마음을 차분하게 하고,
멀리 사는 친구 집의 방문 중 맡았던 거름 냄새에 찡긋하지만
이상하게 마음은 푸근해졌습니다.

나무의 형태나 꽃의 아름다움뿐만 아니라 상상만으로도 따뜻해져
꼭 엄마 품에 안겼던 꼬마 때의 마음처럼,
저에게 따뜻해지는 감성들을 모아 '포레스트'에 담아보았습니다.

숲 안에, 자연 안에 있을 때 한없이 맑아지고 느슨해지는 것을 느낄 수 있는 건,
아마도 도시에 사는 사람들이 숲을 갈망하는 마음 때문일 것입니다.
잠시나마 숲인 듯 편안한 마음이 되었으면 좋겠습니다.

주말농부

HOW TO MAKE

▲ **사용한 원단**

30×25cm 융

▲ **사용한 실 번호**

dmc 25번사 310, 326, 356, 413, 414, 433, 501, 502, 554, 562, 632, 747, 772, 803, 827, 899, 909, 924, 927, 945, 987, 989, 3022, 3328, 3045, 3363, 3813, 3849, 3863, 3892

▲ **사용한 스티치**

레이지 데이지 스티치, 링 스티치, 블랭킷 스티치, 블리온 스티치, 새틴 스티치, 스트레이트 스티치, 아우트라인 스티치, 체인 스티치, 터키 스티치, 프렌치 노트 스티치

홍시나무

- 6가닥을 4번 돌려 링 스티치를 해서 홍시를 표현합니다.

밭

- 블리온 스티치는 3가닥을 15회가량 바늘에 감아 스티치합니다.

개미, 씨앗

- 2가닥을 2번 감아 프렌치 노트 스티치를 합니다.

열매풀

- 3가닥을 3번 감아 프렌치 노트 스티치를 합니다.

완성도를 높이는 팁

- 홍시나무의 잎사귀는 밀도간이 높은 곳과 낮은 곳의 차이를 두어 스티치를 하면 풍성한 나뭇잎사귀가 표현됩니다.

- 완성 후 먹지 라인이 남게 되는 도안 부분은 수성펜으로 스케치합니다.

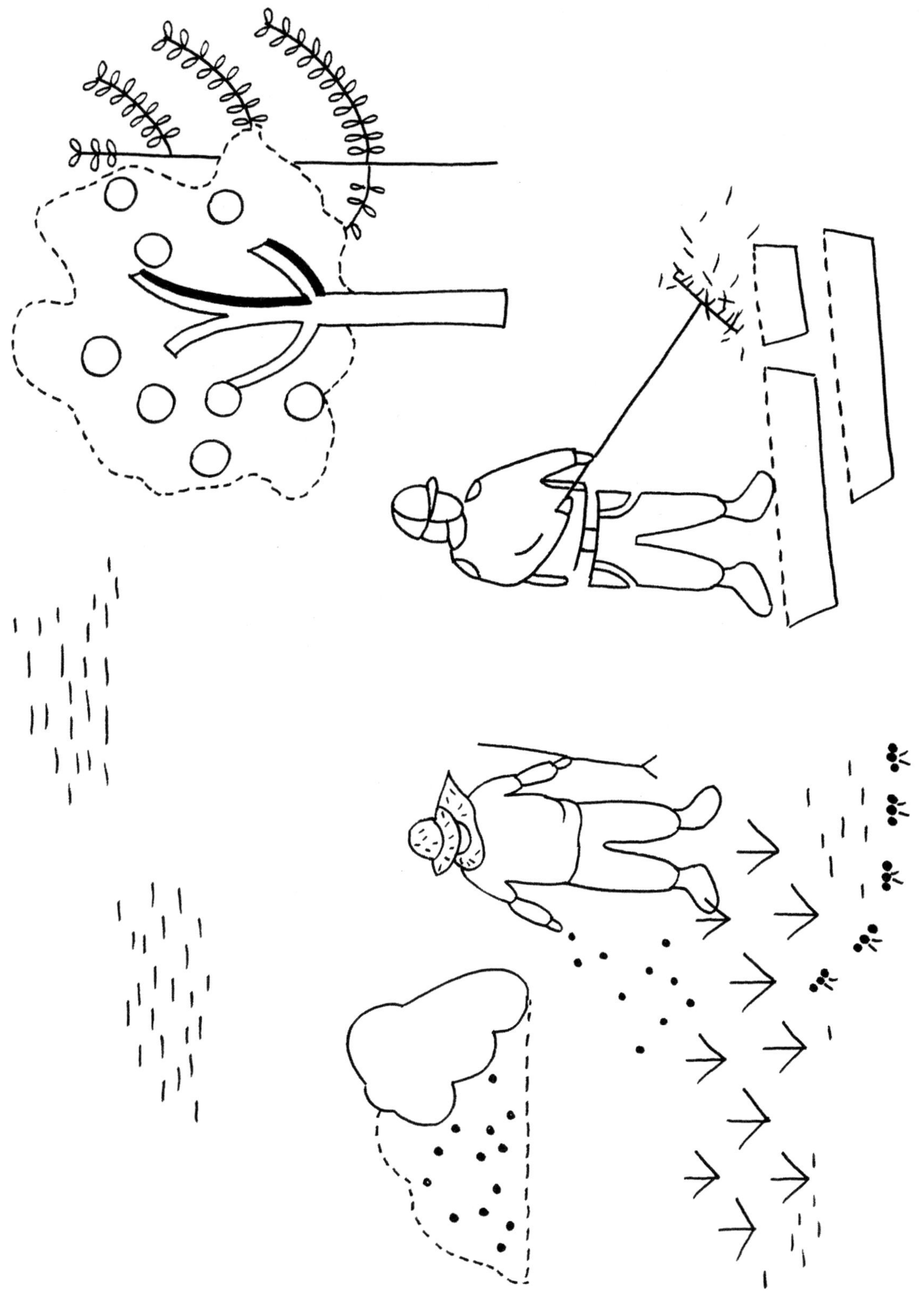

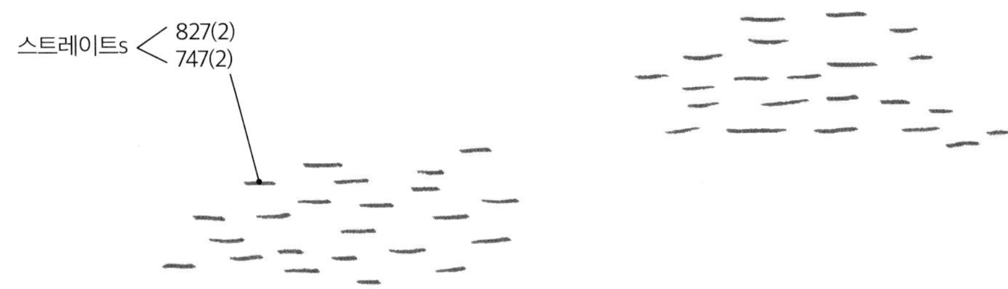

• 도안 설명은 스티치 → 실 번호 → (실의 가닥수)로 표기했습니다.
  예) 체인s 452(2) : 452번 실 2가닥으로 체인 스티치를 합니다.

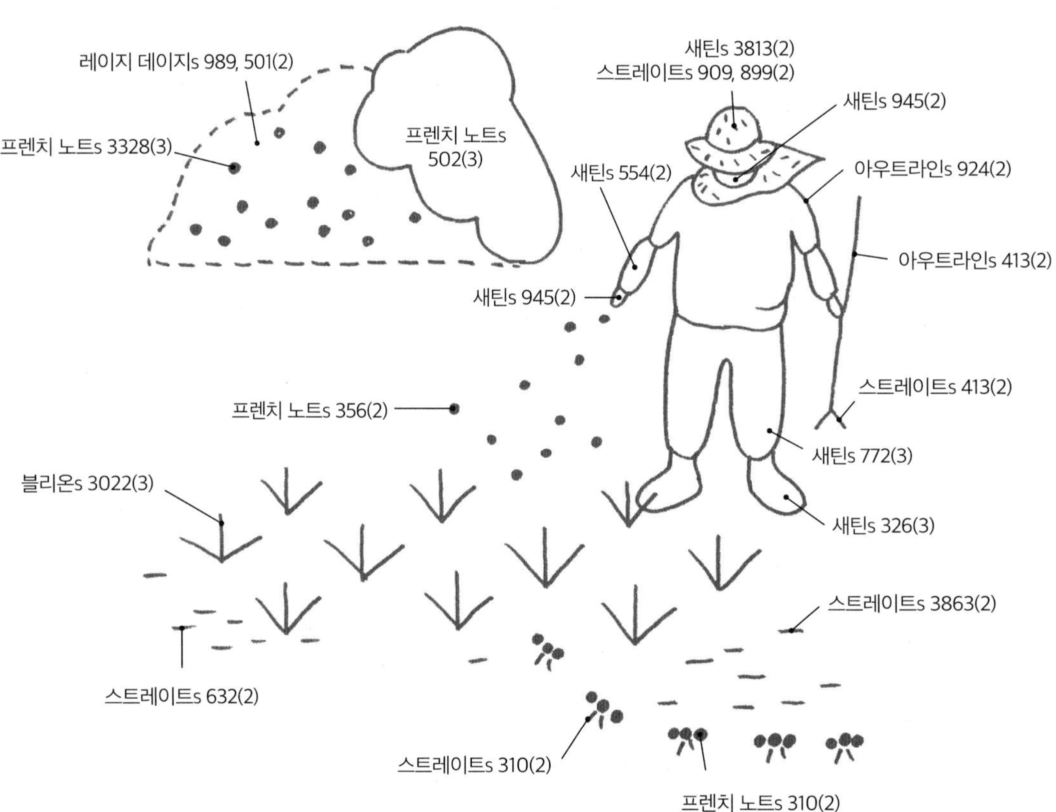

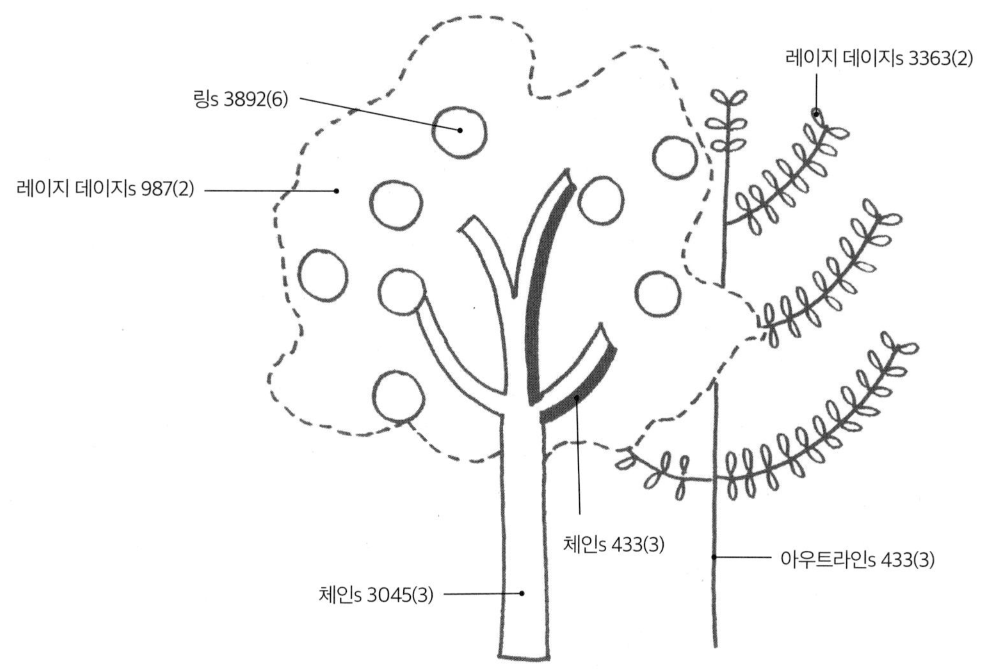
링s 3892(6)
레이지 데이지s 987(2)
레이지 데이지s 3363(2)
체인s 433(3)
아우트라인s 433(3)
체인s 3045(3)

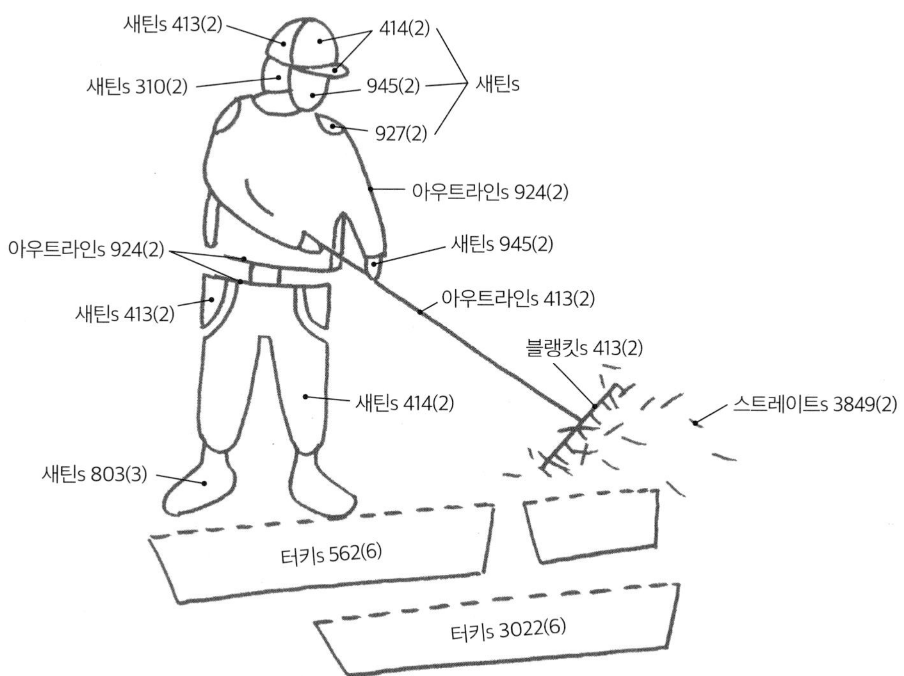
새틴s 413(2)
414(2)
새틴s 310(2)
945(2)
새틴s
927(2)
아우트라인s 924(2)
아우트라인s 924(2)
새틴s 945(2)
새틴s 413(2)
아우트라인s 413(2)
블랭킷s 413(2)
새틴s 414(2)
스트레이트s 3849(2)
새틴s 803(3)
터키s 562(6)
터키s 3022(6)

여인

▲ **사용한 원단**

23×29cm 리넨

▲ **사용한 실 번호**

dmc 25번사 310, 347, 368, 433, 434, 500, 742, 909, 977, 989, 3733,
3848, 3849

▲ **사용한 스티치**

레이지 데이지 스티치, 리프 스티치, 립드 스파이더 웹 스티치, 백 스티
치, 브레이드 스티치, 새틴 스티치, 스트레이트 스티치, 아우트라인 스
티치, 코럴 스티치, 페더 스티치, 프렌치 노트 스티치, 플라이 스티치

치마
- 플라이 스티치로 시작한 후, 아래 줄기는 백 스티치로 변경해서 스티치를 합니다.
- 페더 스티치의 열매는 2가닥을 2번 감아 프렌치 노트 스티치를 합니다.

스카프
- 3가닥의 실을 2번 감아 새틴 위쪽에 부드럽게 프렌치 노트 스티치를 합니다.

완성도를 높이는 팁

- 야자수 도안 중 기둥을 먼저 스티치하면, 중앙의 몰려 있는 야자수 잎사귀들의 표현 처리가 수월해집니다.

- 야자수 줄기 잎사귀를 스티치(코럴)할 때 세로 땀이 길어지면 좀 더 날카로운 매듭 으로 완성됩니다.

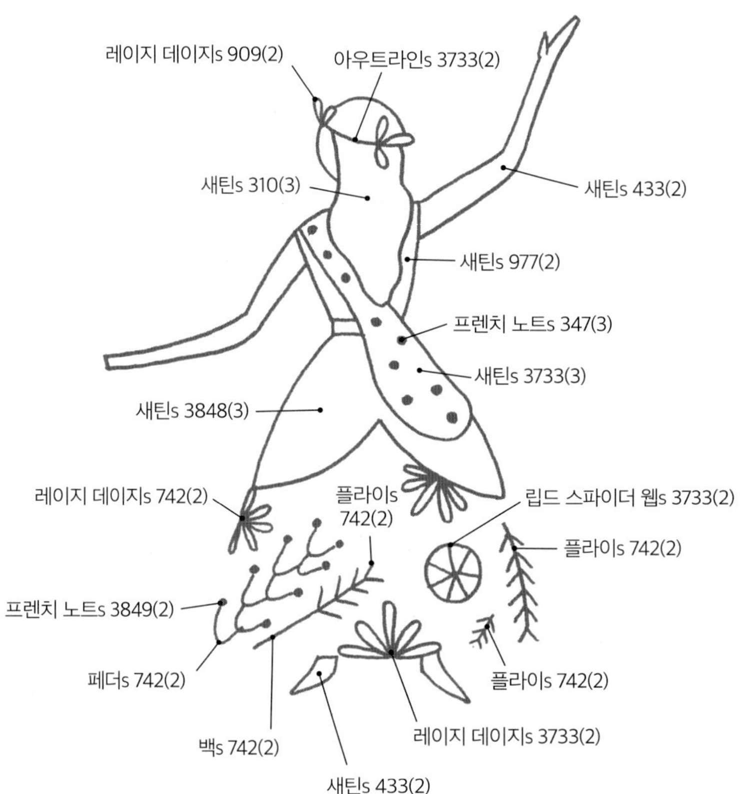

• 도안 설명은 스티치→실 번호→(실의 가닥수)로 표기했습니다.
예) 체인s 452(2) : 452번 실 2가닥으로 체인 스티치를 합니다.

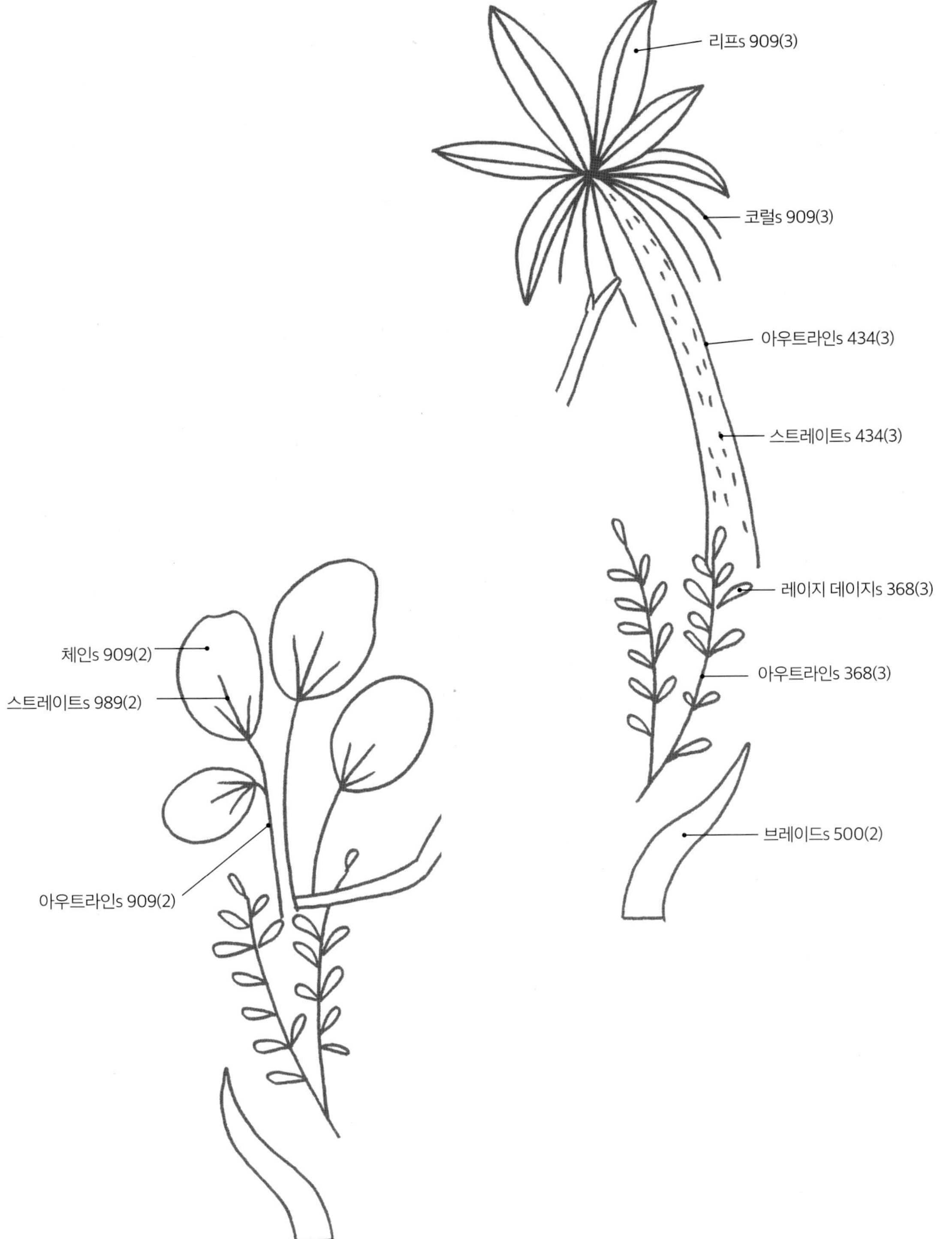

리프s 909(3)
코럴s 909(3)
아우트라인s 434(3)
스트레이트s 434(3)
레이지 데이지s 368(3)
아우트라인s 368(3)
브레이드s 500(2)
체인s 909(2)
스트레이트s 989(2)
아우트라인s 909(2)

자작나무 사자

 //

▲ **사용한 원단**

30×25cm 리넨

▲ **사용한 실 번호**

dmc 25번사 310, 452, 523, 632, 645, 738, 758, 839, 844, 3022, 3023, 3064, 3799, 3861, 3863, 3865, 3895, blanc, ecru

▲ **사용한 스티치**

립드 스파이더 웹 스티치, 링 스티치, 바스크 스티치, 새틴 스티치, 스트레이트 스티치, 시딩 스티치, 아우트라인 스티치, 아우트라인 필링 스티치, 터키 스티치, 페더 스티치, 프렌치 노트 스티치, 플라이 스티치

자작나무

- 아우트라인 필링으로 가득 채운 후, 어두운 컬러를 이용해 스트레이트하며 묘사합니다.

사자

- 6가닥을 4번 돌려 링 스티치를 해서 콧방울을 표현합니다.
- 갈귀 부분은 바스크 스티치를 먼저 잡아준 후 2가닥의 실을 2번 감아 프렌치 노트 스티치로 갈귀 여백을 가득 채워 줍니다.
- 눈은 2가닥을 2번 감아 프렌치 노트 스티치를 합니다.

완성도를 높이는 팁

- 자작나무의 자연스러운 질감을 나타내려면 아우트라인 스티치의 땀을 길고 짧게 변화를 주어 스티치할 때 거친 느낌이 표현됩니다.

- 립드 스파이더 웹 스티치는 도안의 사이즈가 커지면 등분되는 조각의 개수도 많아져야 둥근 라인이 정확하게 만들어집니다.

[80% 축소 도안]

• 축소된 도안을 원래 크기로 확대 복사하는 법
원래 크기(%) ÷ 축소된 크기(%) × 100
80%로 축소된 도안은 125%로 확대 복사하면 100% 도안이 됩니다.

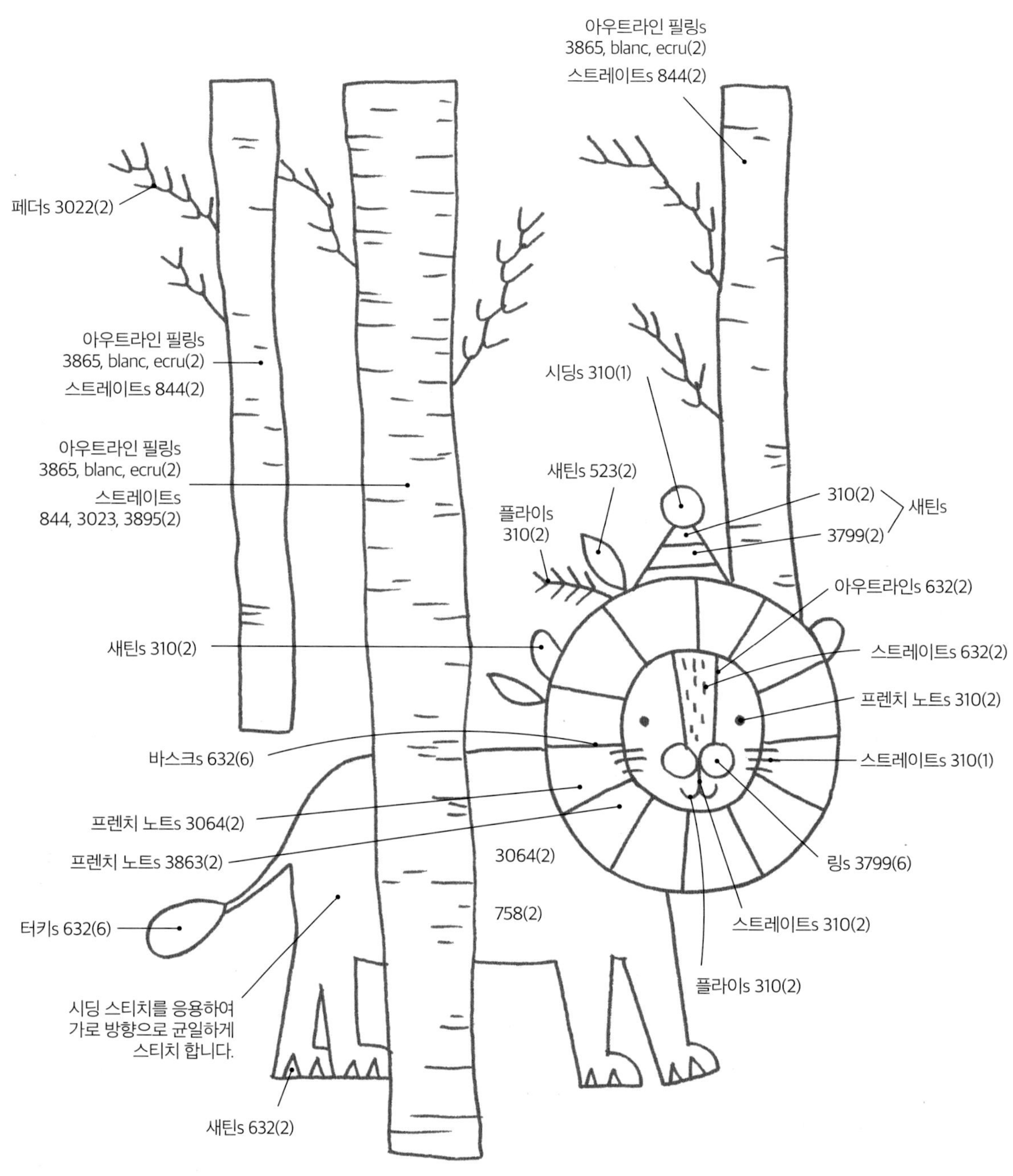

• 도안 설명은 스티치 → 실 빈호 → (실의 가닥수)로 표기했습니다.
예) 체인s 452(2) : 452번 실 2가닥으로 체인 스티치를 합니다.

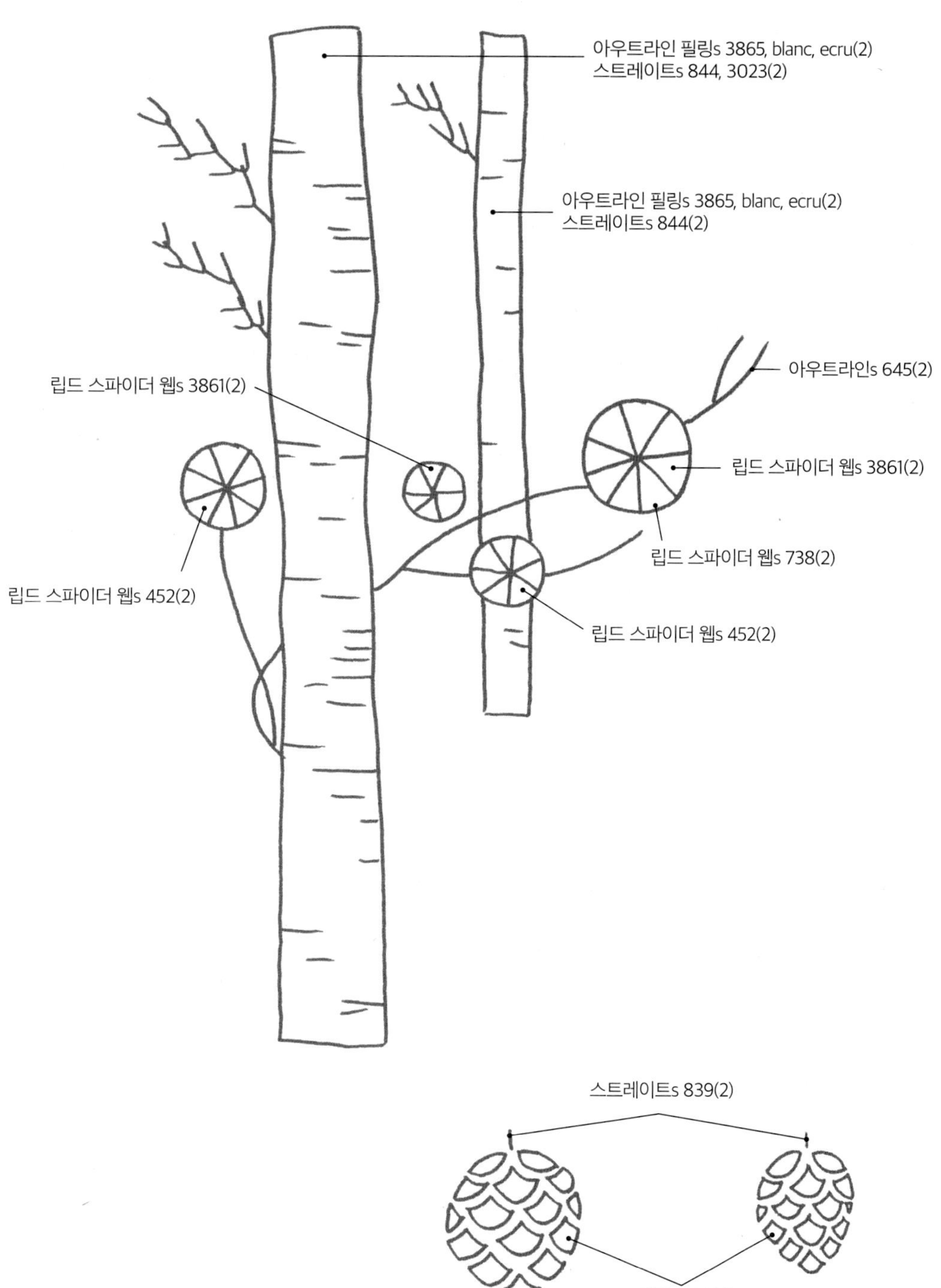

아우트라인 필링s 3865, blanc, ecru(2)
스트레이트s 844, 3023(2)
아우트라인 필링s 3865, blanc, ecru(2)
스트레이트s 844(2)
아우트라인s 645(2)
립드 스파이더 웹s 3861(2)
립드 스파이더 웹s 3861(2)
립드 스파이더 웹s 738(2)
립드 스파이더 웹s 452(2)
립드 스파이더 웹s 452(2)
스트레이트s 839(2)
새틴s 839(2)

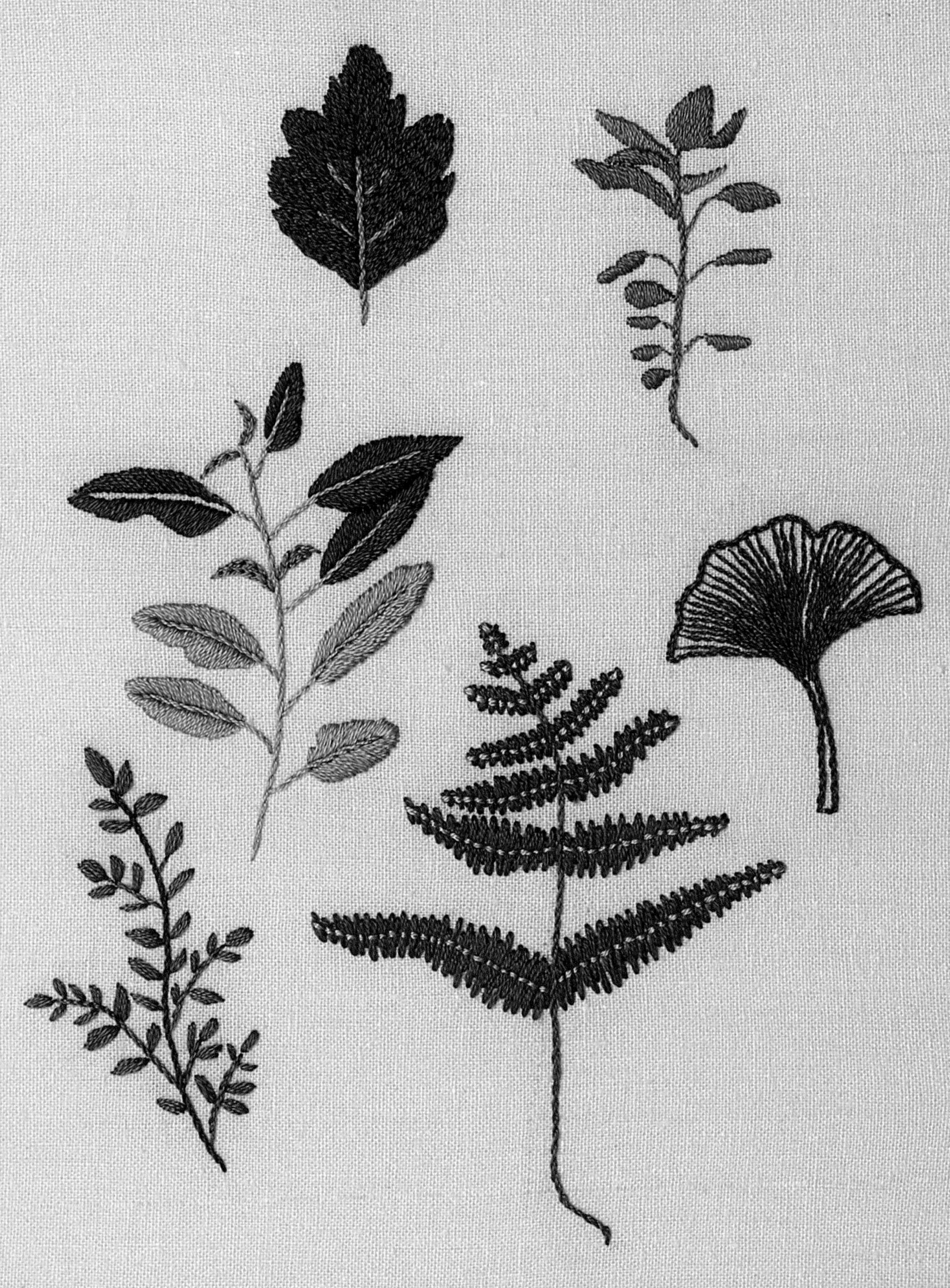

잎

▲ **사용한 원단**

25×30cm 리넨

▲ **사용한 실 번호**

dmc 25번사 367, 935, 986, 3051, 3345, 3347, 3364

▲ **사용한 스티치**

백 스티치, 새틴 스티치, 스트레이트 스티치, 스플릿 스티치, 아웃라인 스티치, 체인 스티치

- 새틴 스티치가 사용된 잎사귀는 3종류 이며 방향도 다양합니다.

- 꼭짓점에서 아래로 흐르는 방향, 잎맥 으로 향하는 사선 방향, 위에서 아래로 떨어지는 수직 방향, 도안에 따라 각 다 른 방향으로 결을 달리하여 새틴 스티 치를 합니다.

완성도를 높이는 팁

- 도안 하단에 있는 스트레이트 잎사귀를 표현할 때, 긴 땀과 짧은 땀의 길이를 통일하지 않고 변화를 주어 스티치하면, 좀 더 자연스러운 잎사 귀의 형태를 표현할 수 있습니다.

- 최고 상단에 위치해 있는 잎사귀 스플릿 스티치할 때는 깔끔하게 떨어 지는 도안 테두리보다 살짝 빈틈이 있는 라인 처리가 자연의 형태에 가 깝습니다.

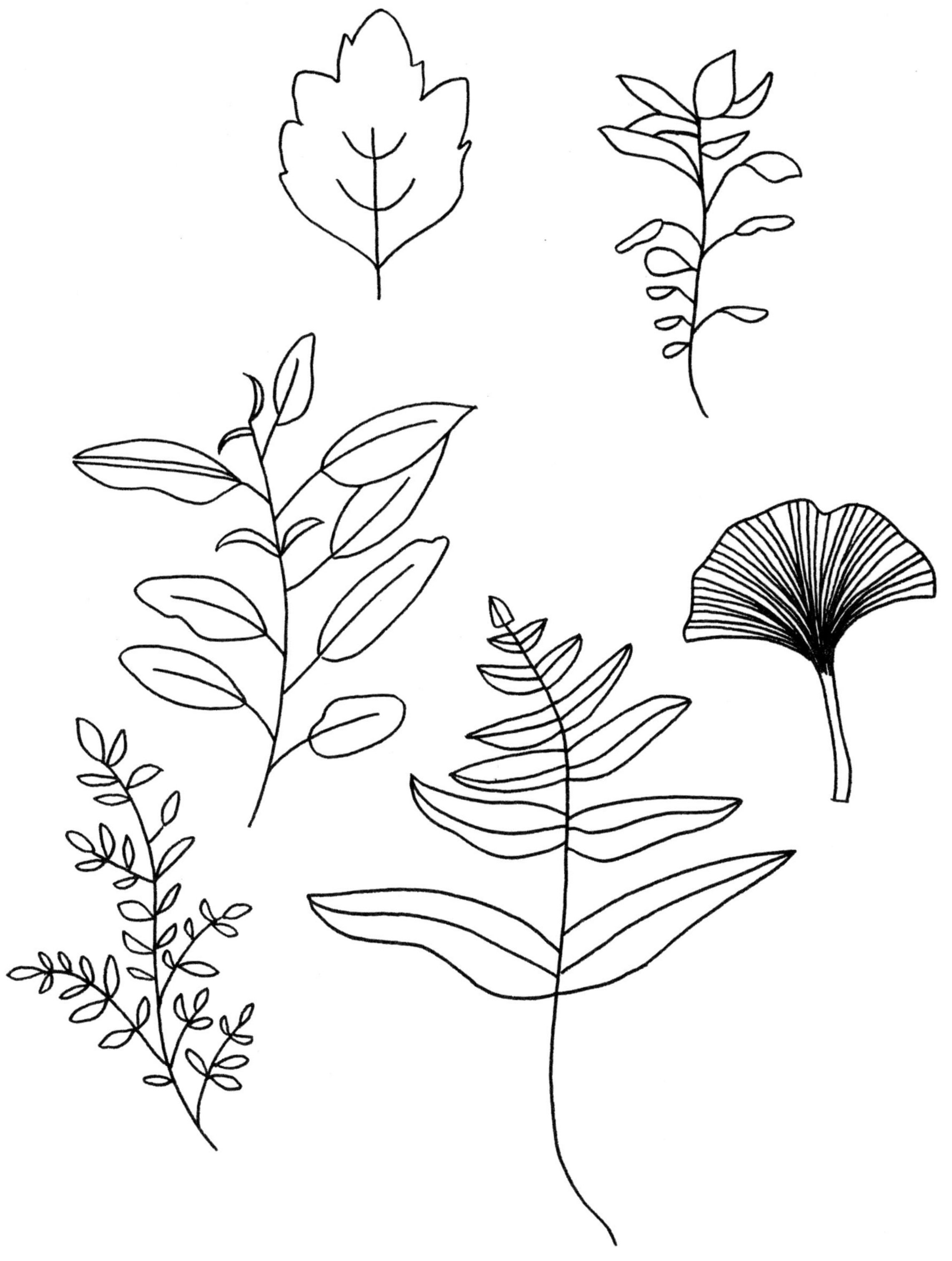

• 도안 설명은 스티치 → 실 번호 → (실의 가닥수)로 표기했습니다.
  예) 체인s 452(2) : 452번 실 2가닥으로 체인 스티치를 합니다.

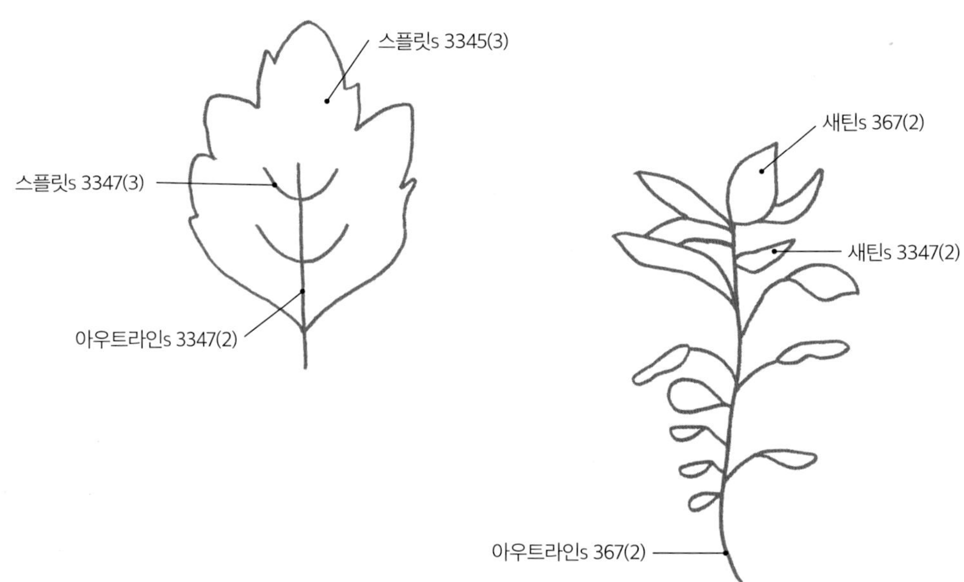

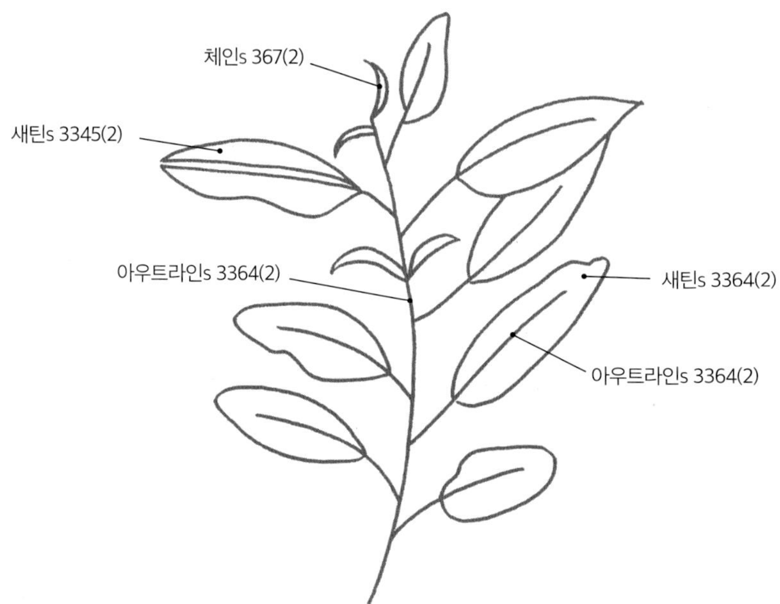

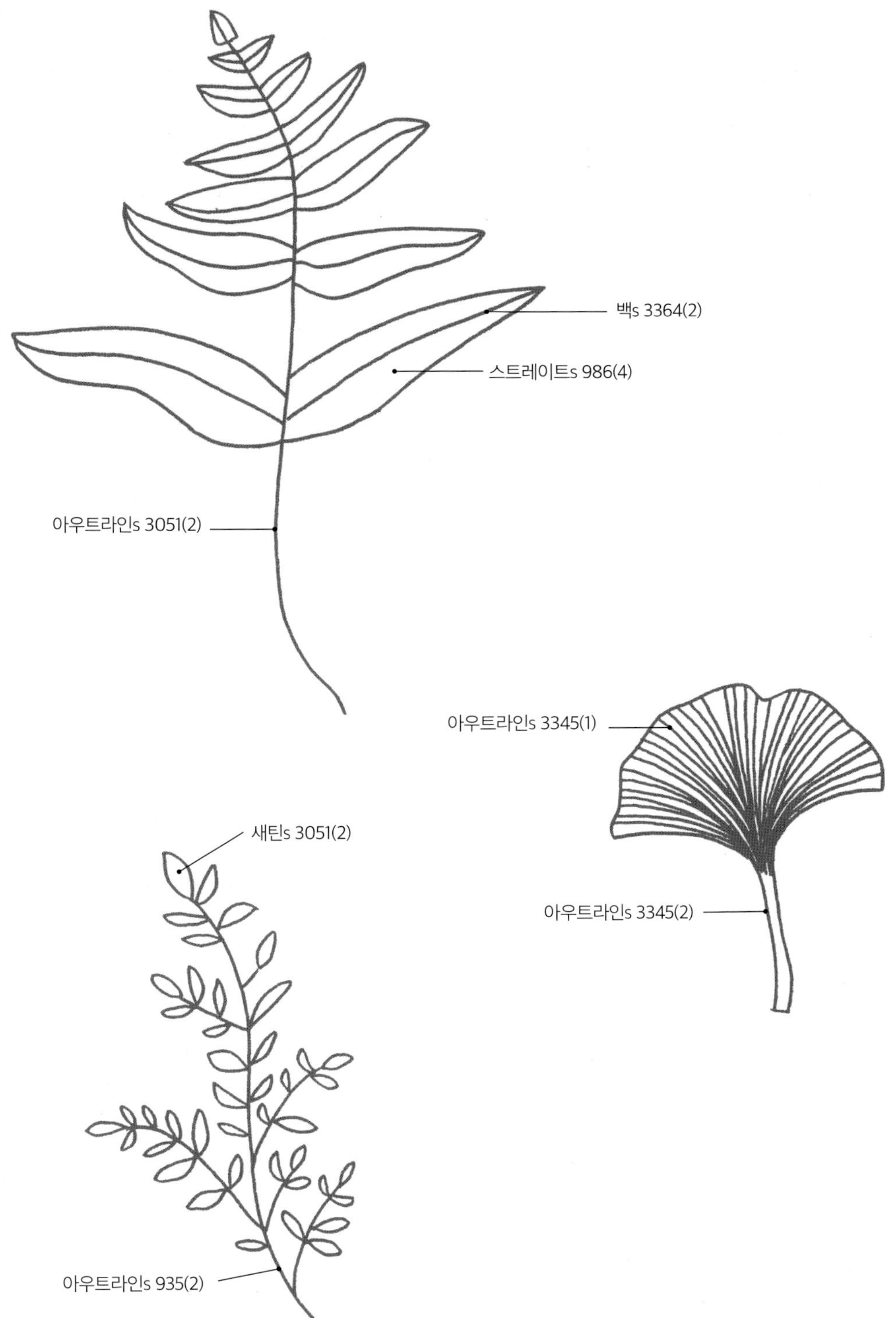
백s 3364(2)
스트레이트s 986(4)
아우트라인s 3051(2)
아우트라인s 3345(1)
아우트라인s 3345(2)
새틴s 3051(2)
아우트라인s 935(2)

산 · 고릴라 · 나무

▲ 사용한 원단

25×30cm 리넨

▲ 사용한 실 번호

dmc 25번사 310, 522, 703, 754, 796, 844

▲ 사용한 스티치

새틴 스티치, 스트레이트 스티치, 시딩 스티치, 아우트라인 스티치, 아
우트라인 필링 스티치, 프렌치 노트 스티치, 플라이 스티치

▲ 수놓는 방법

원숭이
- 눈은 2가닥을 2번 감아 프렌치 노트 스티치를 합니다.
- 코는 베이스가 된 새틴 스티치 위를 짧은 스트레이트로 얹어주듯 스티치합니다.
- 몸통의 털 부분은 형태 라인의 흐름에 따라 아우트라인 필링으로 스티치합니다.

완성도를 높이는 팁

- 귀와 발 부분의 플라이 스티치는 폭을 좁게 하고, 마무리는 짧게 해서 알파벳 U의 형태를 띠도록 잡아줍니다.

- 고릴라의 안쪽 얼굴 형태 라인은 1가닥을 이용해 아우트라인을 잡은 후 새틴 스티치를 하게 되면, 볼륨감도 좋아지고 형태가 깔끔하게 나타납니다.

[80% 축소 도안]

• 축소된 도안을 원래 크기로 확대 복사하는 법
원래 크기(%) ÷ 축소된 크기(%) × 100
80%로 축소된 도안은 125%로 확대 복사하면 100% 도안이 됩니다.

• 도안 설명은 스티치→실 번호→(실의 가닥수)로 표기했습니다.
  예) 체인s 452(2) : 452번 실 2가닥으로 체인 스티치를 합니다.

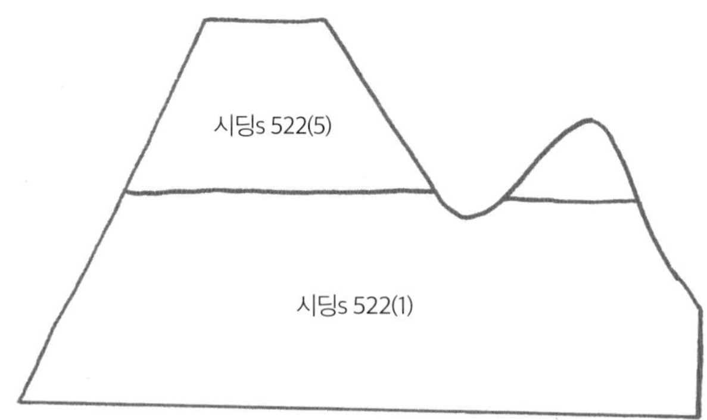

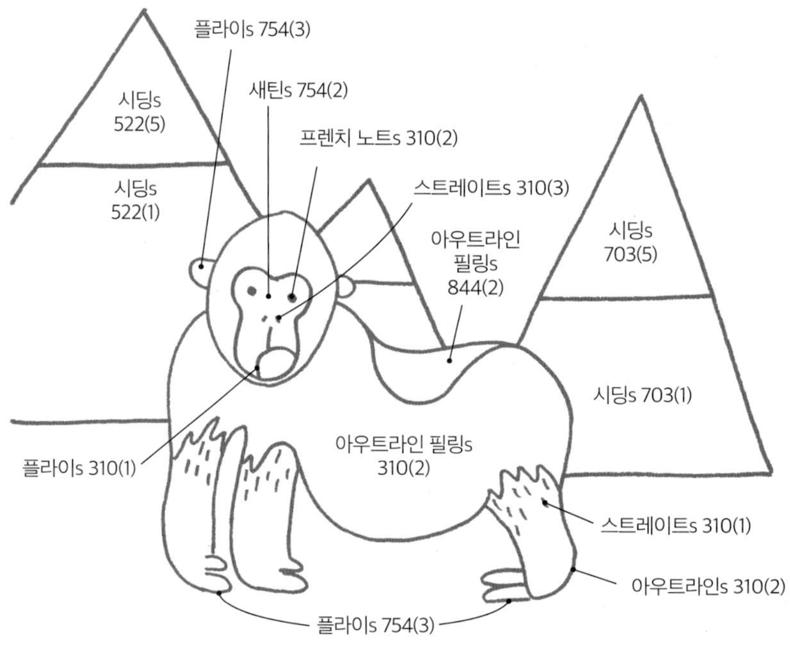

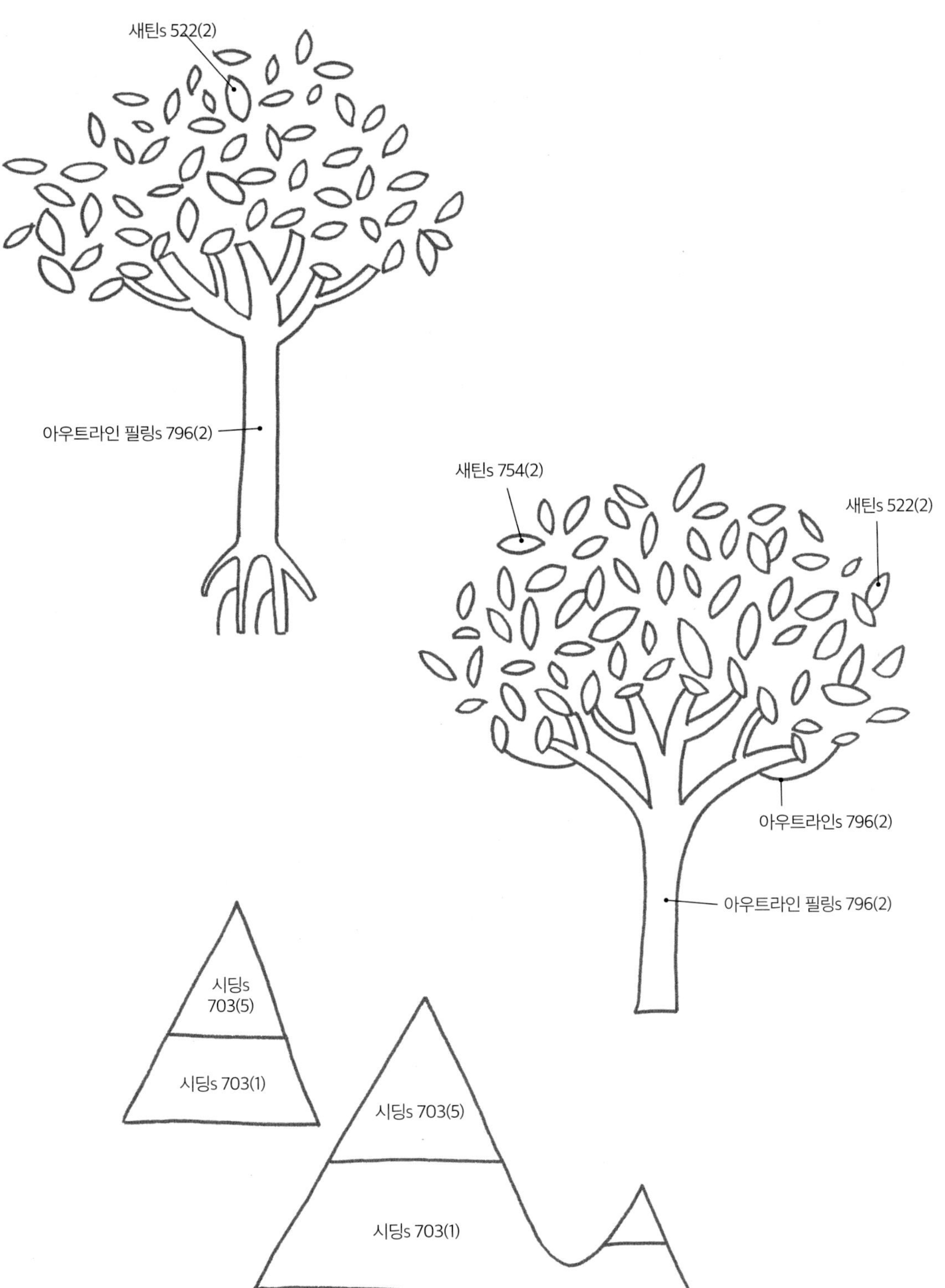
새틴s 522(2)
아우트라인 필링s 796(2)
새틴s 754(2)
새틴s 522(2)
아우트라인s 796(2)
아우트라인 필링s 796(2)
시딩s
703(5)
시딩s 703(1)
시딩s 703(5)
시딩s 703(1)

밥상

▲ 사용한 원단

24×30cm 융

▲ 사용한 실 번호

dmc 4번사 ecru

dmc 25번사 221, 310, 414, 433, 434, 520, 938, 986, 3011, 3021, 3348

▲ 사용한 스티치

레이지 데이지 스티치, 롱앤드쇼트 스티치, 백 스티치, 새틴 스티치, 스트레이트 스티치, 스플릿 스티치, 시딩 스티치, 아우트라인 스티치, 아우트라인 필링 스티치, 체인 스티치, 프렌치 노트 스티치

▲ 수놓는 방법

귀뚜라미   • 2가닥을 1번 감아 프렌치 노트 스티치를 합니다.

           • 뒷다리의 얇은 부분은 2등분하여 스트레이트 스티치를 합니다.

밥그릇   • 진한 컬러(938)로 먼저 그릇의 무늬 부분을 잡아주고 나머지 면적을 스플릿 스티치를 합니다.

마늘   • 새틴 스티치를 하기 전 마늘 도안의 안쪽을 4번사로 스트레이트 스티치를 하여 볼륨감을 잡아준 후 그 위를 부드럽게 새틴 스티치를 합니다.

           • 뿌리 부분은 2가닥을 3번 감아 프렌치 노트 스티치를 합니다.

완성도를 높이는 팁

• 밥그릇에 사용된 스플릿 스티치는 밀도감이 높은 스티치입니다. 깔끔한 느낌을 위해 의식적으로 빡빡하게 수를 놓게 되면, 밀도감이 오버되어 천과 실이 함께 울게 되니, 주의해주세요.

• 마늘의 볼륨감 표현 시 취향대로 베이스를 만들어주면 되지만 지나치게 쌓을 경우 굴곡으로 인해 새틴 스티치를 더 섬세히 표현해야 합니다.

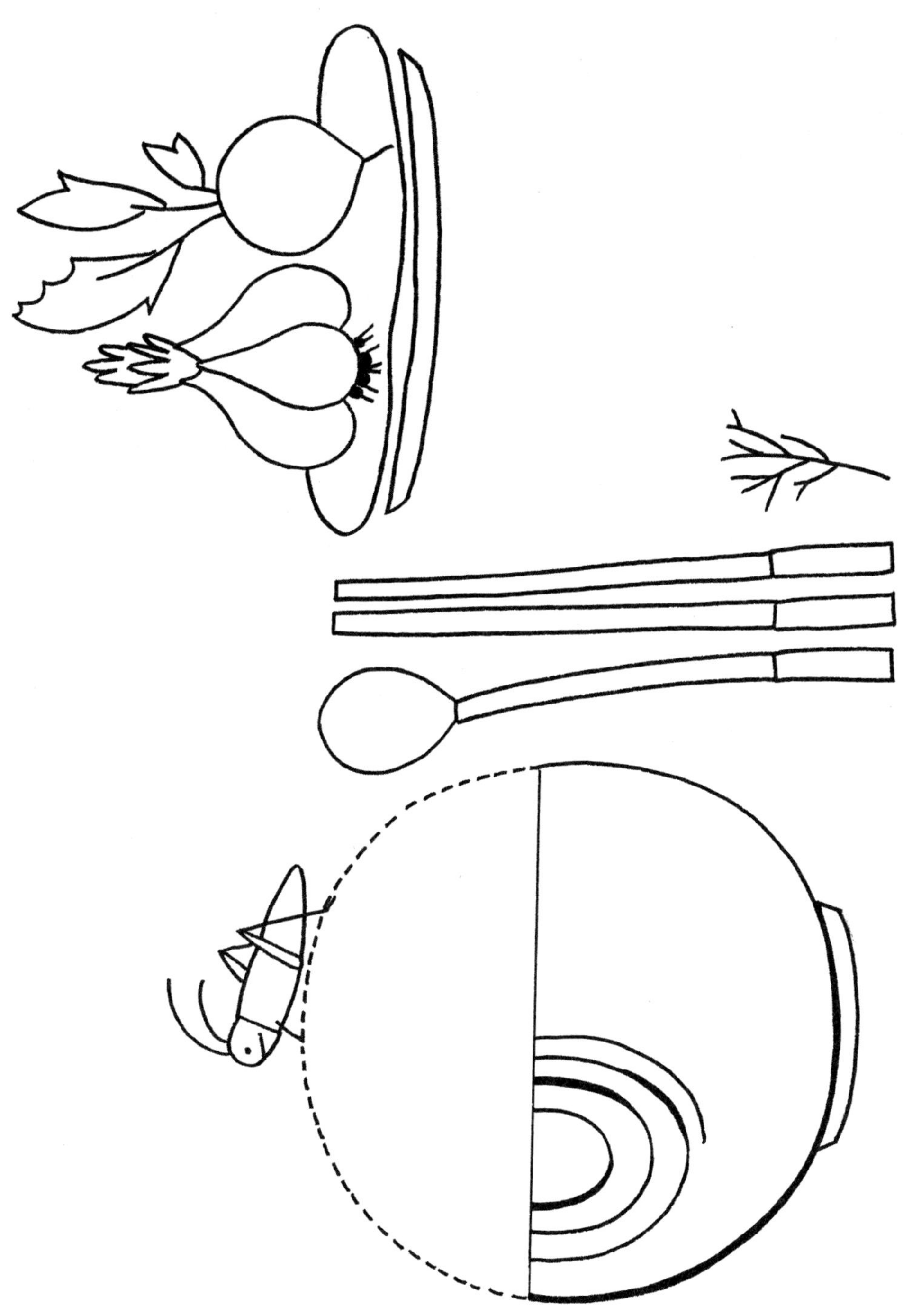

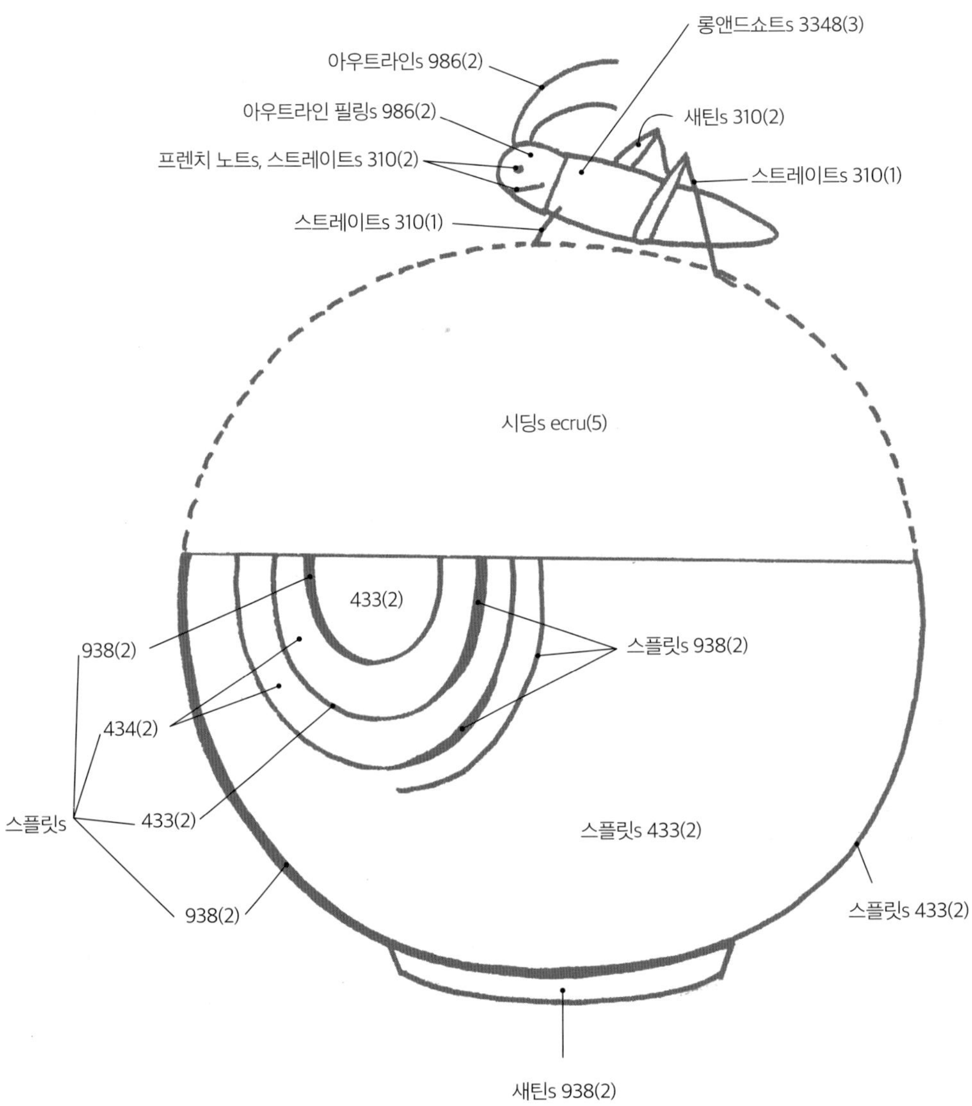

• 도안 설명은 스티치 → 실 번호 → (실의 가닥수)로 표기했습니다.
예) 체인s 452(2) : 452번 실 2가닥으로 체인 스티치를 합니다.

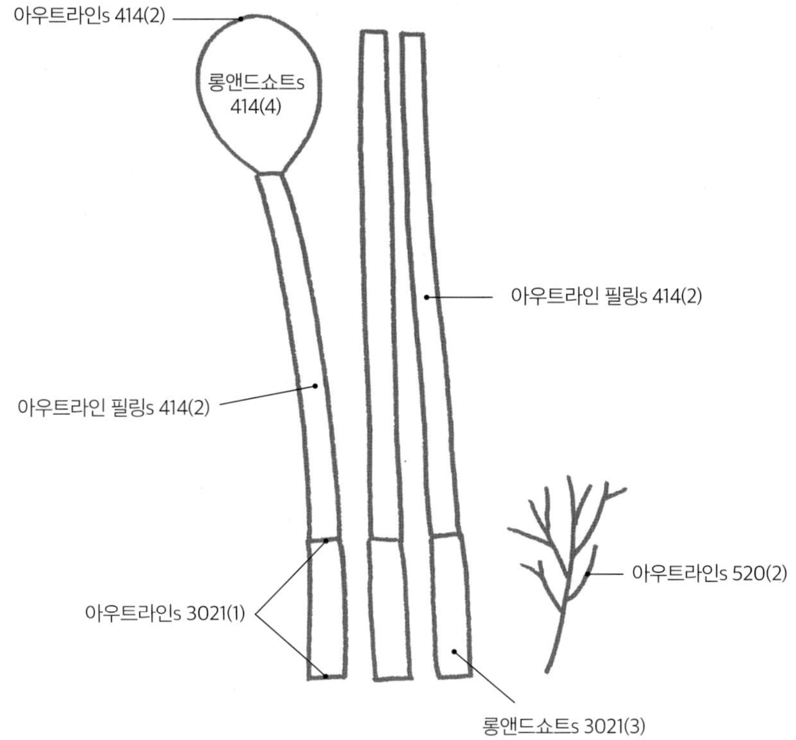

아우트라인s 414(2)
롱앤드쇼트s 414(4)
아우트라인 필링s 414(2)
아우트라인 필링s 414(2)
아우트라인s 520(2)
아우트라인s 3021(1)
롱앤드쇼트s 3021(3)

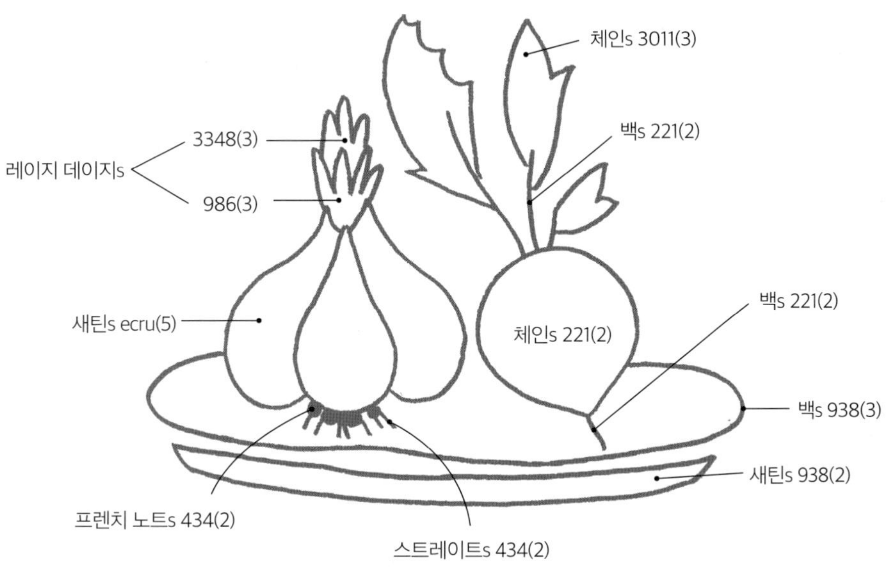

체인s 3011(3)
백s 221(2)
3348(3)
레이지 데이지s
986(3)
백s 221(2)
새틴s ecru(5)
체인s 221(2)
백s 938(3)
새틴s 938(2)
프렌치 노트s 434(2)
스트레이트s 434(2)

TRADITIONAL

먹선에 담긴 고상함과 애잔함이 전통 그림에서 느껴지는 감정이라면,
우리의 전통 자수 역시 우아함과 정갈한 미가 가득 담겨 있어요.
흐트러져서는 안 될 것 같은 칼 같은 세밀함에 감탄하며 찬사를 보내지만,
저는 그 칼같음이 때로는 얼음처럼 차갑고 예민해 보이기도 했습니다.

동양 자수와 프랑스 자수.
둘은 다른 듯하지만, 크게 보면 뿌리는 하나라고 생각합니다.
매치와 믹스가 자유롭고 이젠 더 이상 경계선조차 그을 수 없는 현대미술의 장르처럼…
저는 우리나라의 전통적인 메시지와 형태 위에
프랑스 자수의 기법을 적용하여
전통 자수의 밀도감 높은 세밀함보다는 표현의 다양성에
중점을 두어 표현해보고 싶었습니다.

여백과 함께 정갈한 아름다움만을 높이 봤던 전통이었지만,
정적인 모습 안에는 표현할 것도, 표현하고 싶은 것도 너무나 많다는 것을 알게 되어
저에게 매력적인 작업이 되었습니다.
정해진 표현과 형식은 조금 뒤로하고, 새로움을 발견할 때 전통과 자수의 재미를
이번 테마에서 느껴볼 수 있습니다.

청자

HOW TO MAKE //

▲ **사용한 원단**

25×25cm 리넨

▲ **사용한 실 번호**

dmc 4번사 ecru, 2130
dmc 25번사 453, 500, 503, 518, 927, 928, 935, 3022, 3809, 3813,
3895

▲ **사용한 스티치**

레이지 데이지 스티치, 새틴 스티치, 스트레이트 스티치, 아우트라인 스
티치, 아우트라인 필링 스티치, 체인 스티치, 프렌치 노트 스티치

학
- 순서상 날개 부분은 4번사 ecru 컬러로 먼저 레이지 데이지 스티치를 한 후, 사이사이 빈 공간에서 2단계의 날개를 시작합니다.
- 눈은 2가닥을 2번 감아 프렌치 노트 스티치를 합니다.

꽃
- 4번사로 스트레이트 스티치를 2번 겹쳐서 꽃잎을 도톰하게 표현합니다.
- 수술 부분은 2가닥을 3번 감아 프렌치 노트 스티치를 합니다.

문양
- 각 1가닥씩 2가지의 컬러를 한 바늘에 꿰어 믹스된 컬러를 사용해서 아우트라인 스티치를 합니다 (곡선 문양).
- 도안에 맞춰 꼭짓점 부분에서 방향을 정확히 틀어 체인 스티치를 합니다(ㄱ자 문양).

완성도를 높이는 팁

- 곡선의 굴곡이 심한 라인의 형태를 아우트라인 스티치를 할 때 땀의 길이를 짧게 떠 주면 좀 더 매끈한 곡선 처리가 됩니다.

- 4번사의 특성상 마찰이 많이 일어날 때에는 실이 끊어지는 현상이 있습니다. 학의 날개 표현을 4번사로 2가닥으로 스티치할 때 마찰이 잦아지면 스티치 도중 실이 끊어질 수도 있으니, 짧게 커팅해서 자주 갈아주세요.

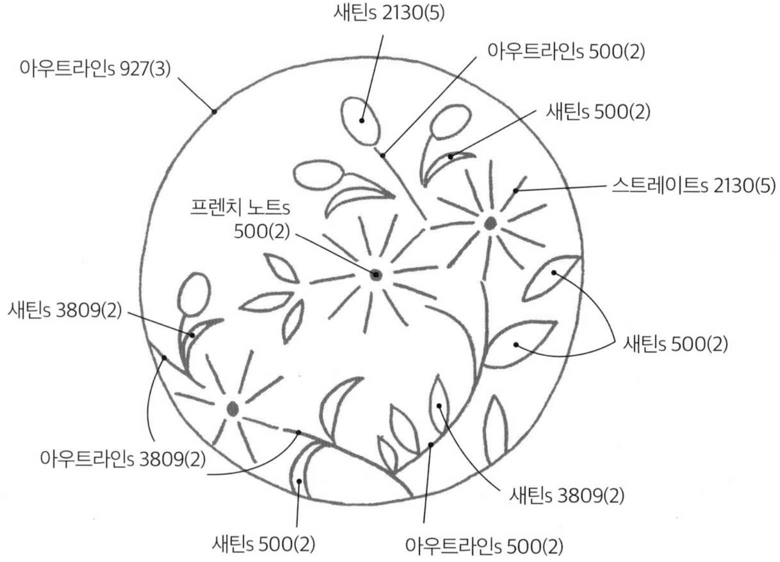

• 도안 설명은 스티치 → 실 번호 → (실의 가닥수)로 표기했습니다.
　예) 체인s 452(2) : 452번 실 2가닥으로 체인 스티치를 합니다.

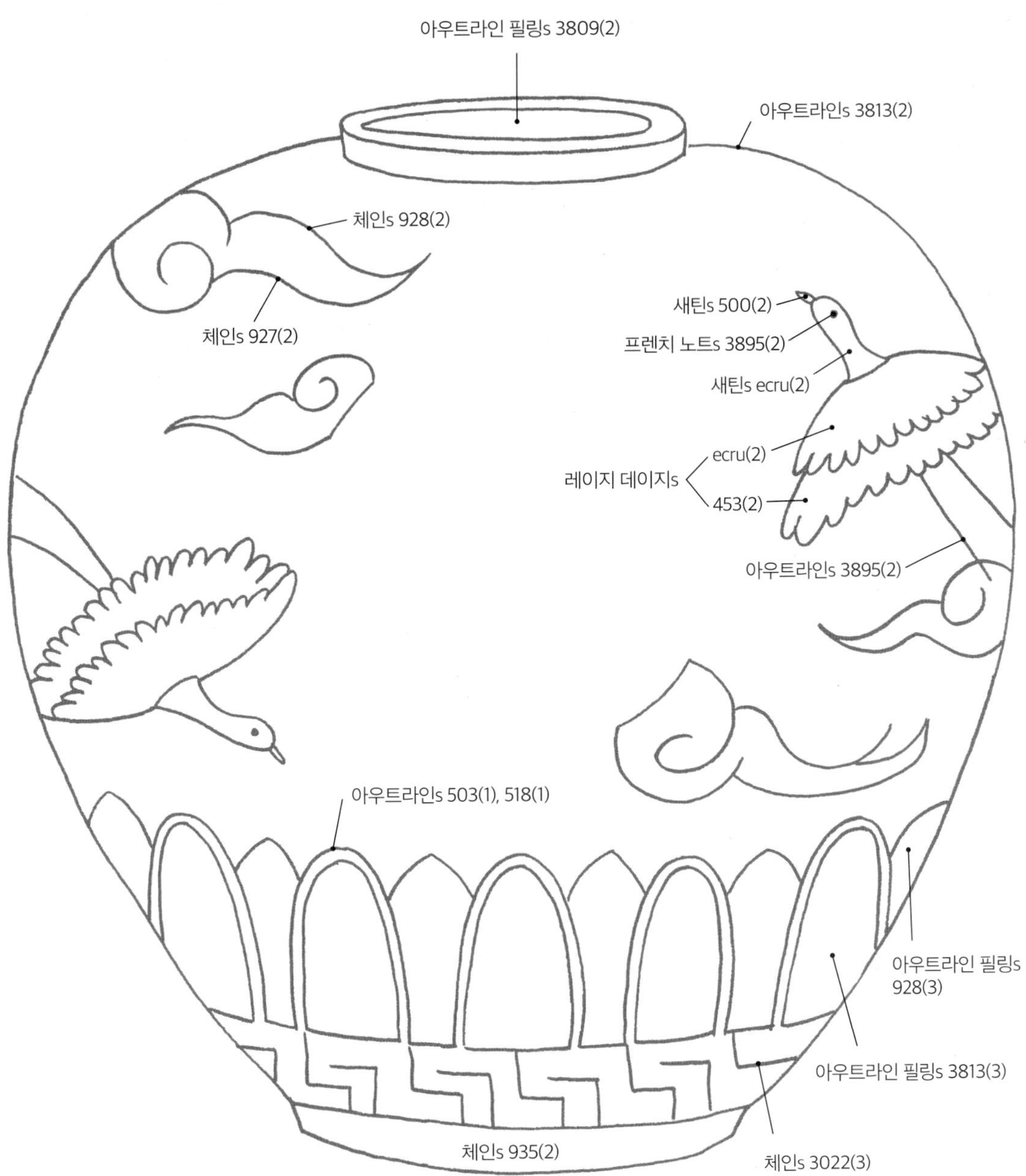
아우트라인 필링s 3809(2)
아우트라인s 3813(2)
체인s 928(2)
체인s 927(2)
새틴s 500(2)
프렌치 노트s 3895(2)
새틴s ecru(2)
ecru(2)
레이지 데이지s
453(2)
아우트라인s 3895(2)
아우트라인s 503(1), 518(1)
아우트라인 필링s 928(3)
아우트라인 필링s 3813(3)
체인s 935(2)
체인s 3022(3)

십장생 수

▲ **사용한 원단**

29×34cm 리넨

▲ **사용한 실 번호**

dmc 25번사 310, 318, 319, 352, 353, 433, 435, 445, 519, 562, 644, 728, 738, 746, 772, 809, 829, 844, 907, 909, 927, 935, 975, 3022, 3816, 3866, blanc

▲ **사용한 스티치**

더블 레이지 데이지 스티치, 레이즈드 스템 스티치, 레이지 데이지 스티치, 롱앤드쇼트 스티치, 백 스티치, 블랭킷 스티치, 블리온 스티치, 새틴 스티치, 스트레이트 스티치, 스플릿 스티치, 아우트라인 스티치, 아우트라인 필링 스티치, 체인 스티치, 터키 스티치, 페더 스티치, 프렌치 노트 스티치

학	• 각 2가닥과 1가닥씩, 총 3가닥의 2가지 컬러를 한 바늘에 꿰어 믹스된 컬러를 사용해서 아우트라인 필링 스티치를 합니다. • 눈은 2가닥을 2번 감아 프렌치 노트 스티치를 합니다(나무 위의 새와 동일).
사슴	• 눈은 2가닥을 4번 감아 프렌치 노트 스티치를 합니다.
버섯	• 3가닥의 실을 4번 감아 프렌치 노트 스티치를 합니다.
수초	• 3가닥을 10회가량 바늘에 감아 블리온 스티치를 합니다.
잔디열매	• 백 스티치로 시작해서 중간에 블랭킷 스티치로 스티치의 변화를 줍니다. • 열매는 2가닥을 2번 감아 프렌치 노트 스티치를 합니다.

완성도를 높이는 팁

• 사슴의 다리 부분과 열매의 줄기 부분을, 잔디의 윗단 살짝 아래까지 스티치하여 잔디 사이로 살짝 보이게 하면 완성도 있게 마무리됩니다.

• 프렌치 노트 스티치를 이용하여 도안을 가득 채울 때 도안의 라인을 먼저 프렌치 노트 스티치로 잡아준 후 안쪽을 채워주면 깔끔하게 라인 형태를 나타내기에 효과적입니다.

원래 크기(%) ÷ 축소된 크기(%) × 100

[80% 축소 도안]

• 축소된 도안을 원래 크기로 확대 복사하는 법
원래 크기(%) ÷ 축소된 크기(%) × 100
80%로 축소된 도안은 125%로 확대 복사하면 100% 도안이 됩니다.

• 도안 설명은 스티치 → 실 번호 → (실의 가닥수)로 표기했습니다.
　예) 체인s 452(2) : 452번 실 2가닥으로 체인 스티치를 합니다.

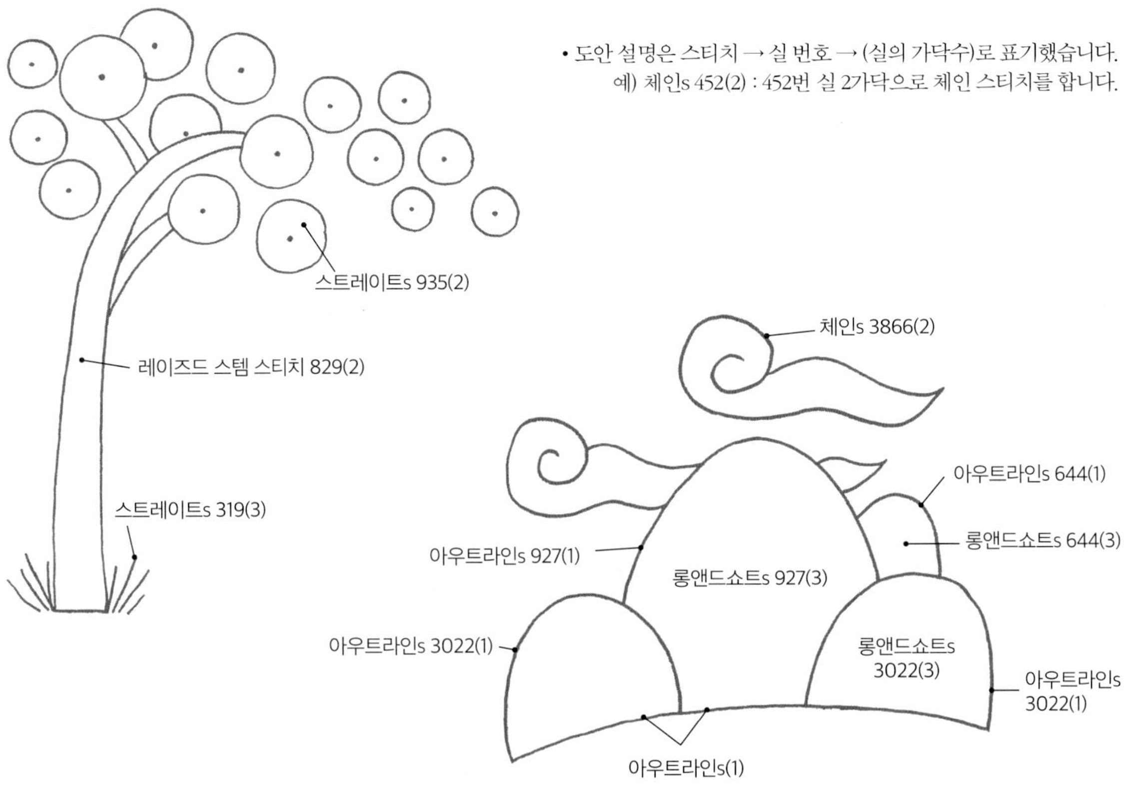

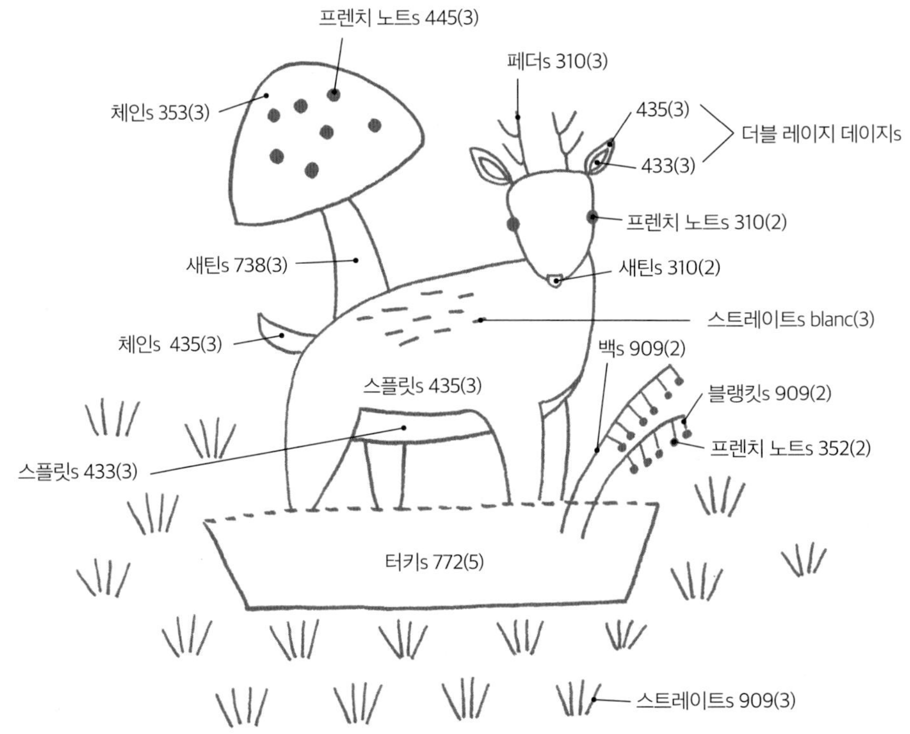

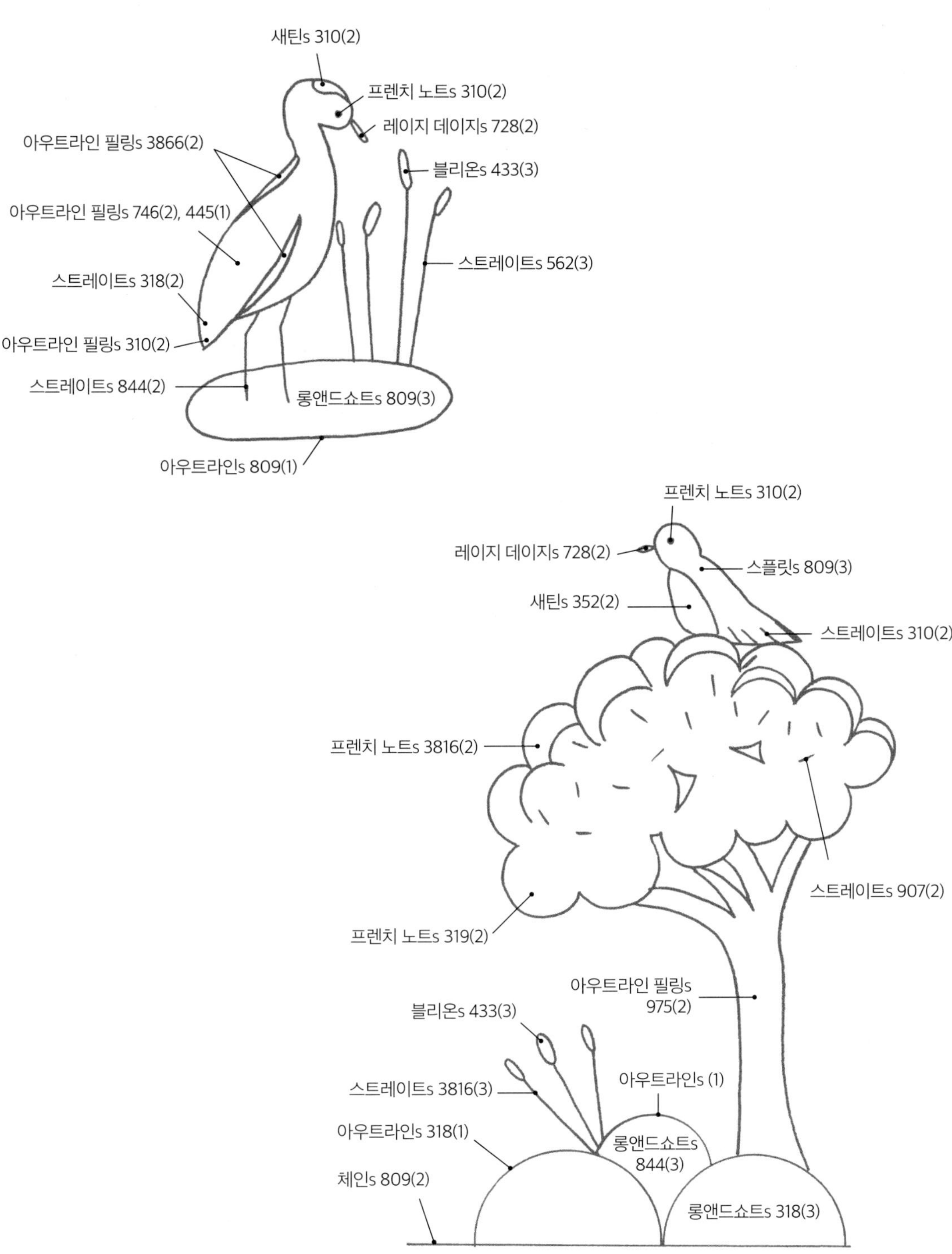
새틴s 310(2)
프렌치 노트s 310(2)
레이지 데이지s 728(2)
아우트라인 필링s 3866(2)
블리온s 433(3)
아우트라인 필링s 746(2), 445(1)
스트레이트s 318(2)
스트레이트s 562(3)
아우트라인 필링s 310(2)
스트레이트s 844(2)
롱앤드쇼트s 809(3)
아우트라인s 809(1)
프렌치 노트s 310(2)
레이지 데이지s 728(2)
스플릿s 809(3)
새틴s 352(2)
스트레이트s 310(2)
프렌치 노트s 3816(2)
스트레이트s 907(2)
프렌치 노트s 319(2)
아우트라인 필링s 975(2)
블리온s 433(3)
스트레이트s 3816(3)
아우트라인s (1)
아우트라인s 318(1)
롱앤드쇼트s 844(3)
체인s 809(2)
롱앤드쇼트s 318(3)
체인s 519(2)

탈춤

▲ **사용한 원단**

34×29cm 리넨

▲ **사용한 실 번호**

dmc 4번사 ecru

dmc 25번사 310, 326, 351, 435, 445, 501, 502, 503, 640, 644, 746, 760, 761, 819, 927, 938, 963, 977, 3022, 3042, 3362, 3706, 3712, 3824, 3863, 3892

▲ **사용한 스티치**

레이지 데이지 스티치, 롱앤드쇼트 스티치, 새틴 스티치, 스트레이트 스티치, 아우트라인 스티치, 아우트라인 필링 스티치, 체인 스티치, 터키 스티치, 프렌치 노트 스티치

▲ 수놓는 방법

사자 얼굴
- 갈귀 부분은 4번사를 사용합니다.
- 코는 6가닥으로 도안의 안쪽에 볼륨감을 잡은 후 그 위를 새틴 스티치를 합니다.
- 콧방울은 3가닥으로 2번 감아 프렌치 노트 스티치를 합니다.

볼
- 6가닥으로 3번 감아 프렌치 노트 스티치를 합니다.

몸통
- 스트레이트 스티치지만, 롱앤드쇼트 스티치 형식과 흡사하게 길이감에 변화를 주어 4번사로 스트레이트 스티치를 합니다.

꼬리
- 레이지 데이지 스티치의 방향을 사선으로 잡으며 아래에서 위쪽 방향으로 동선을 잡으며 스티치합니다.

꽃 수술
- 1가닥으로 1번 감아 프렌치 노트 스티치를 합니다.

완성도를 높이는 팁

- 갈귀 부분의 라인에 변화를 주어 잘라주면 좀 더 사실감 있게 완성됩니다.
- 롱앤드쇼트 스티치의 스티치가 단계별로 층이 두드러지는 느낌일 경우, 아랫단계의 컬러 1가닥을 이용해서 앞 단계의 사이사이에 살짝 스트레이트 스티치를 하면 한결 자연스럽게 색 변화가 표현됩니다.

• 도안 설명은 스티치 → 실 번호 → (실의 가닥수)로 표기했습니다.
  예) 체인s 452(2) : 452번 실 2가닥으로 체인 스티치를 합니다.

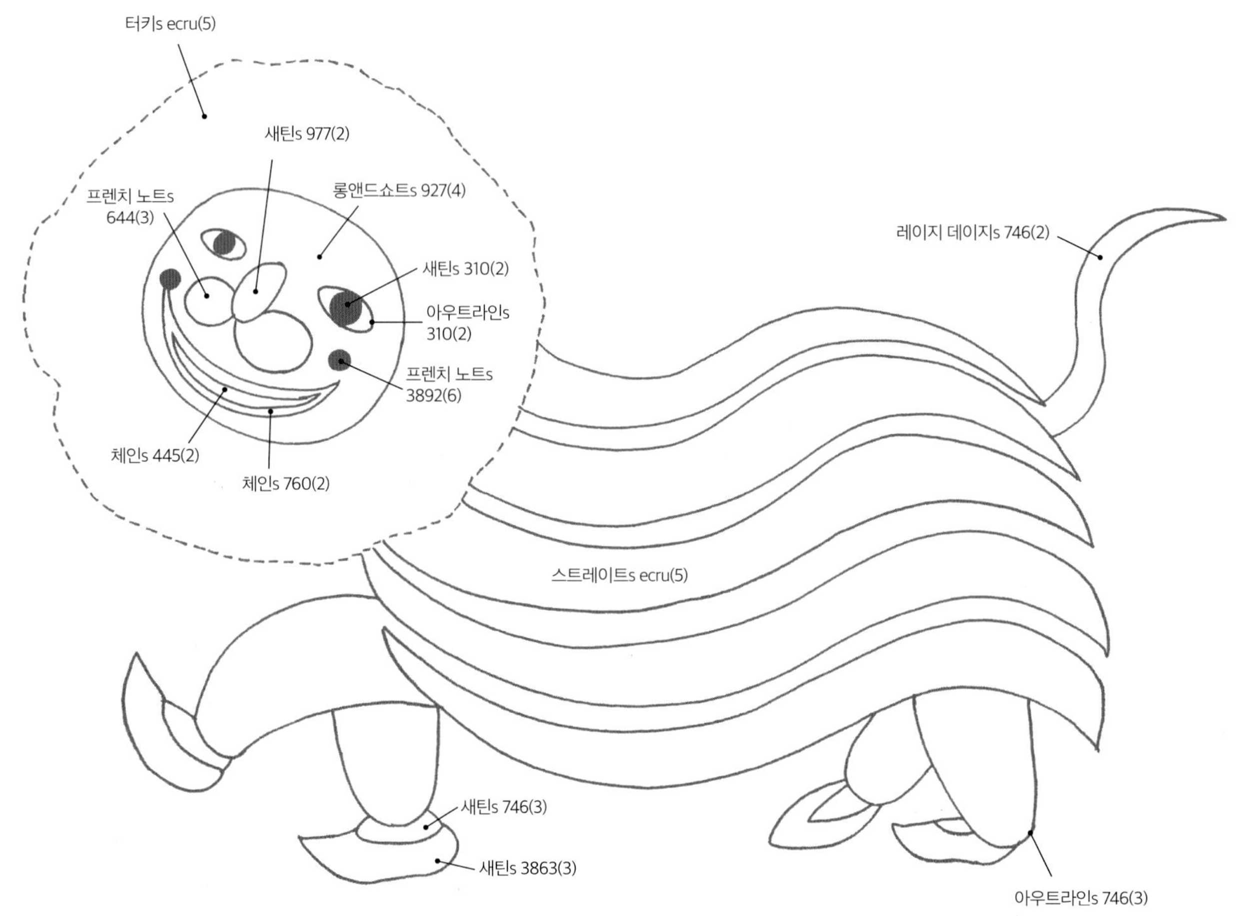

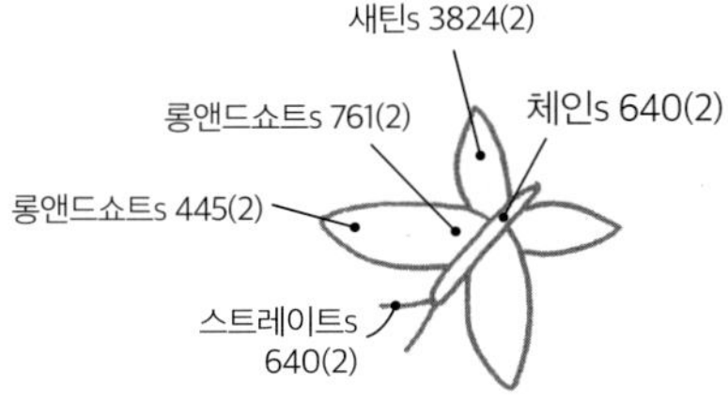

새틴s 3824(2)
롱앤드쇼트s 761(2)
체인s 640(2)
롱앤드쇼트s 445(2)
스트레이트s 640(2)

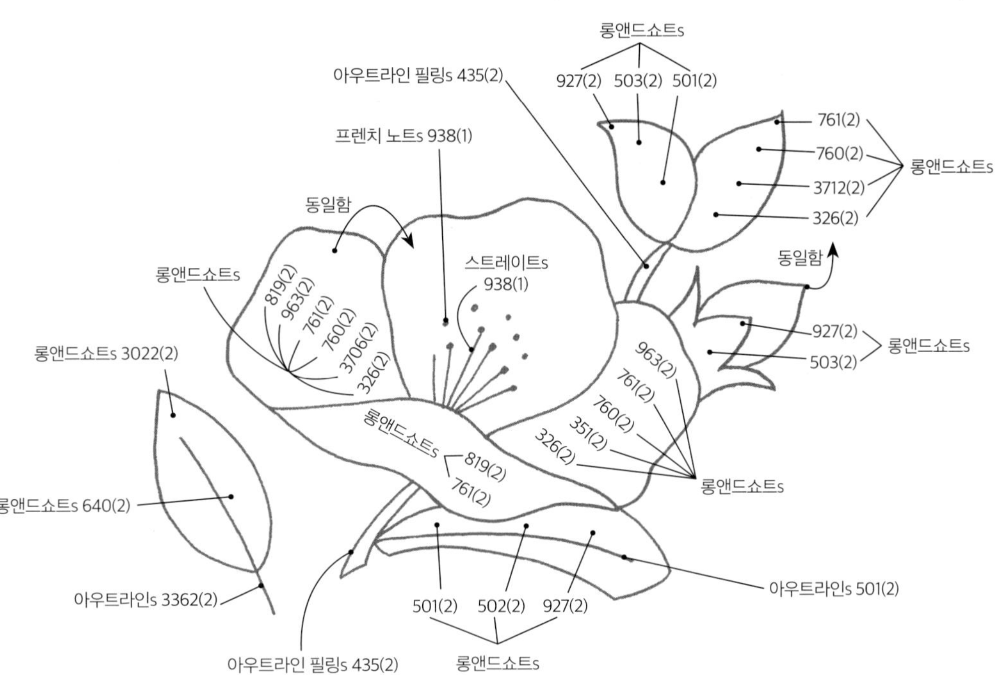

롱앤드쇼트s
927(2) 503(2) 501(2)
아우트라인 필링s 435(2)
프렌치 노트s 938(1)
761(2)
760(2)
3712(2)
326(2)
롱앤드쇼트s
동일함
동일함
스트레이트s 938(1)
롱앤드쇼트s
819(2)
963(2)
761(2)
760(2)
3706(2)
326(2)
927(2)
503(2)
롱앤드쇼트s
롱앤드쇼트s 3022(2)
963(2)
761(2)
760(2)
351(2)
326(2)
롱앤드쇼트s
롱앤드쇼트s 640(2)
롱앤드쇼트s 819(2) 761(2)
아우트라인s 3362(2)
아우트라인s 501(2)
아우트라인 필링s 435(2)
501(2) 502(2) 927(2)
롱앤드쇼트s

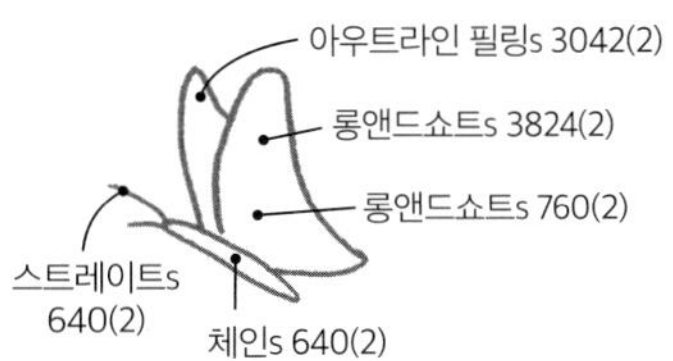

아우트라인 필링s 3042(2)
롱앤드쇼트s 3824(2)
롱앤드쇼트s 760(2)
스트레이트s 640(2)
체인s 640(2)

MASK

▲ 사용한 원단

25×25cm 리넨

▲ 사용한 실 번호

dmc 25번사 152, 161, 221, 223, 310, 318, 347, 349, 402, 413, 433, 451, 498, 500, 644, 754, 758, 760, 776, 783, 819, 829, 839, 902, 928, 963, 971, 3354, 3712, 3733

▲ 사용한 스티치

레이지 데이지 스티치, 롱앤드쇼트 스티치, 백 스티치, 블랭킷 스티치, 새틴 스티치, 시딩 스티치, 스트레이트 스티치, 스플릿 스티치, 체인 스티치, 카우칭 스티치, 프렌치 노트 스티치, 플라이 스티치

▲ 수놓는 방법

(설명하는 순서는 왼쪽 상단에서 오른쪽 방향입니다.)

1	• 플라이 스티치의 마무리를 짧게 해서 입의 굴곡을 만들어줍니다. • 눈은 2가닥을 3번 감고, 곤지(이마)는 6가닥을 2번 감아 프렌치 노트 스티치를 합니다.
2, 3	• 연지곤지는 6가닥을 2번 감아 프렌치 노트 스티치를 합니다.
4, 5	• 입은 테두리 라인부터 스티치하며 눈과 연지는 6가닥을 2번 감아 프렌치 노트 스티치를 합니다.
6	• 입술은 체인 스티치의 땀을 짧게 하여 도안의 방향을 따라 잡아주고, 연지곤지는 3가닥을 3번 감아줍니다.

완성도를 높이는 팁

• 모든 탈의 코 부분은 1가닥으로 아우트라인을 잡은 후 새틴 스티치로 덮어주면 볼륨감이 생깁니다.

• 탈의 얼굴 여백을 스티치할 때(5, 6번) 볼의 중앙부터 시작해서 밖으로 퍼지듯 스티치를 하면, 실의 방향에 맞춰 입체감이 살아나 재미있게 묘사됩니다.

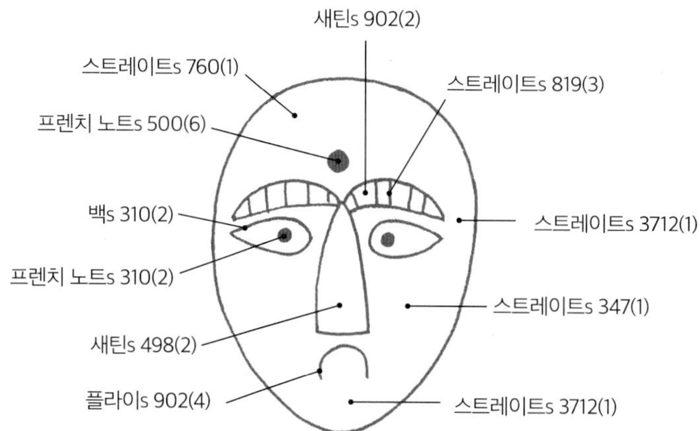

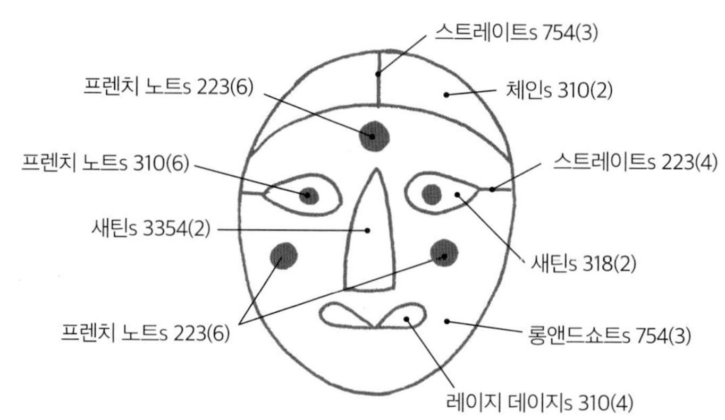

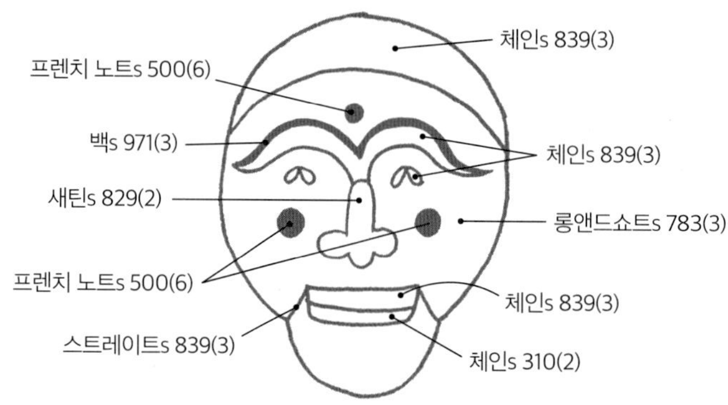

- 도안 설명은 스티치 → 실 번호 → (실의 가닥수)로 표기했습니다.
  예) 체인s 452(2) : 452번 실 2가닥으로 체인 스티치를 합니다.

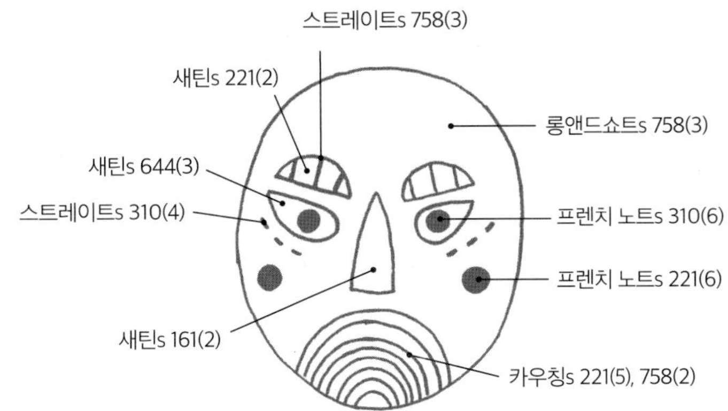
스트레이트s 758(3)
새틴s 221(2)
새틴s 644(3)
스트레이트s 310(4)
새틴s 161(2)
롱앤드쇼트s 758(3)
프렌치 노트s 310(6)
프렌치 노트s 221(6)
카우칭 221(5), 758(2)

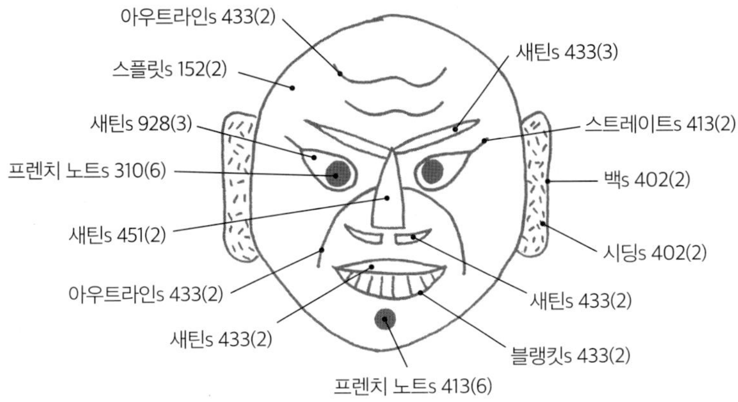
아우트라인s 433(2)
스플릿s 152(2)
새틴s 928(3)
프렌치 노트s 310(6)
새틴s 451(2)
아우트라인s 433(2)
새틴s 433(2)
프렌치 노트s 413(6)
새틴s 433(3)
스트레이트s 413(2)
백s 402(2)
시딩s 402(2)
새틴s 433(2)
블랭킷s 433(2)

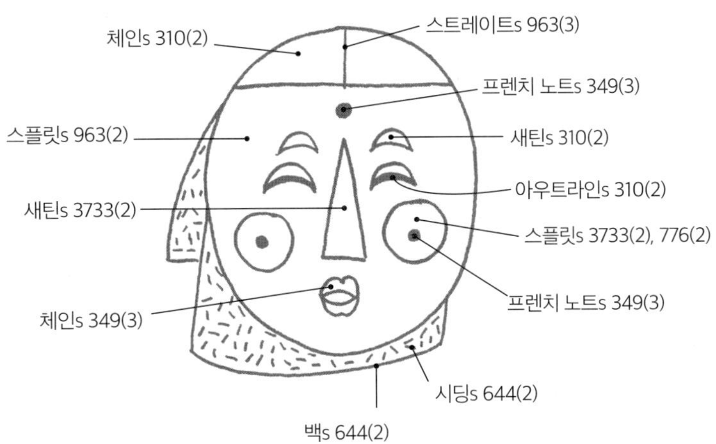
체인s 310(2)
스트레이트s 963(3)
프렌치 노트s 349(3)
스플릿s 963(2)
새틴s 310(2)
아우트라인s 310(2)
새틴s 3733(2)
스플릿s 3733(2), 776(2)
체인s 349(3)
프렌치 노트s 349(3)
백s 644(2)
시딩s 644(2)

족두리쓴 원앙

▲ **사용한 원단**

25×25cm 리넨

▲ **사용한 실 번호**

dmc 25번사 69, 310, 319, 347, 351, 353, 402, 420, 501, 738, 739,
746, 760, 803, 919, 924, 935, 945, 950, 977, 3022, 3023,
3799, 3811, 3815, 3865, 3895, blanc

▲ **사용한 스티치**

러시안 체인 스티치, 레이지 데이지 스티치, 롱앤드쇼트 스티치, 루프트
블랭킷 스티치, 바스켓 스티치, 백 스티치, 블랭킷 스티치, 새틴 스티치,
스파이더 웹 로즈 스티치, 스플릿 스티치, 스트레이트 스티치, 아우트라
인 스티치, 체인 스티치, 케이블 스티치, 프렌치 노트 스티치, 플라이 스
티치, 휘프드 블랭킷 스티치

연꽃 • 잎사귀를 새틴으로 스티치한 후, 진한 부분은 스트레이트로 덮어줍니다.

원앙 • 눈은 2가닥을 3번 감아 프렌치 노트 스티치를 합니다.

• 가슴 부분은 세로선(977)을 스트레이트 스티치로 기준 잡은 후, 컬러를 바꿔 가로로 스티치해서 완
 성합니다.

• 날개의 깃털 부분은, 각 1가닥씩 2가지의 컬러를 한 바늘에 꿰어 믹스된 컬러를 사용해서 루프트
 블랭킷 스티치를 합니다.

• 발톱은 작은 면적에 스트레이트를 짧게 해서 새틴의 느낌을 냅니다.

완성도를 높이는 팁

• 연못의 풀은 1가닥의 실로 아웃라인으로 스티치한 후, 새틴 스티치를 하면 볼륨감
 을 줄 수 있습니다.

• 원앙 깃털의 루프트 블랭킷 스티치는 완성한 후 도안보다 살짝 크게 완성이 됩니다.
 그러니 원하는 크기보다 도안을 살짝 작게 스케치하는 게 좋습니다.

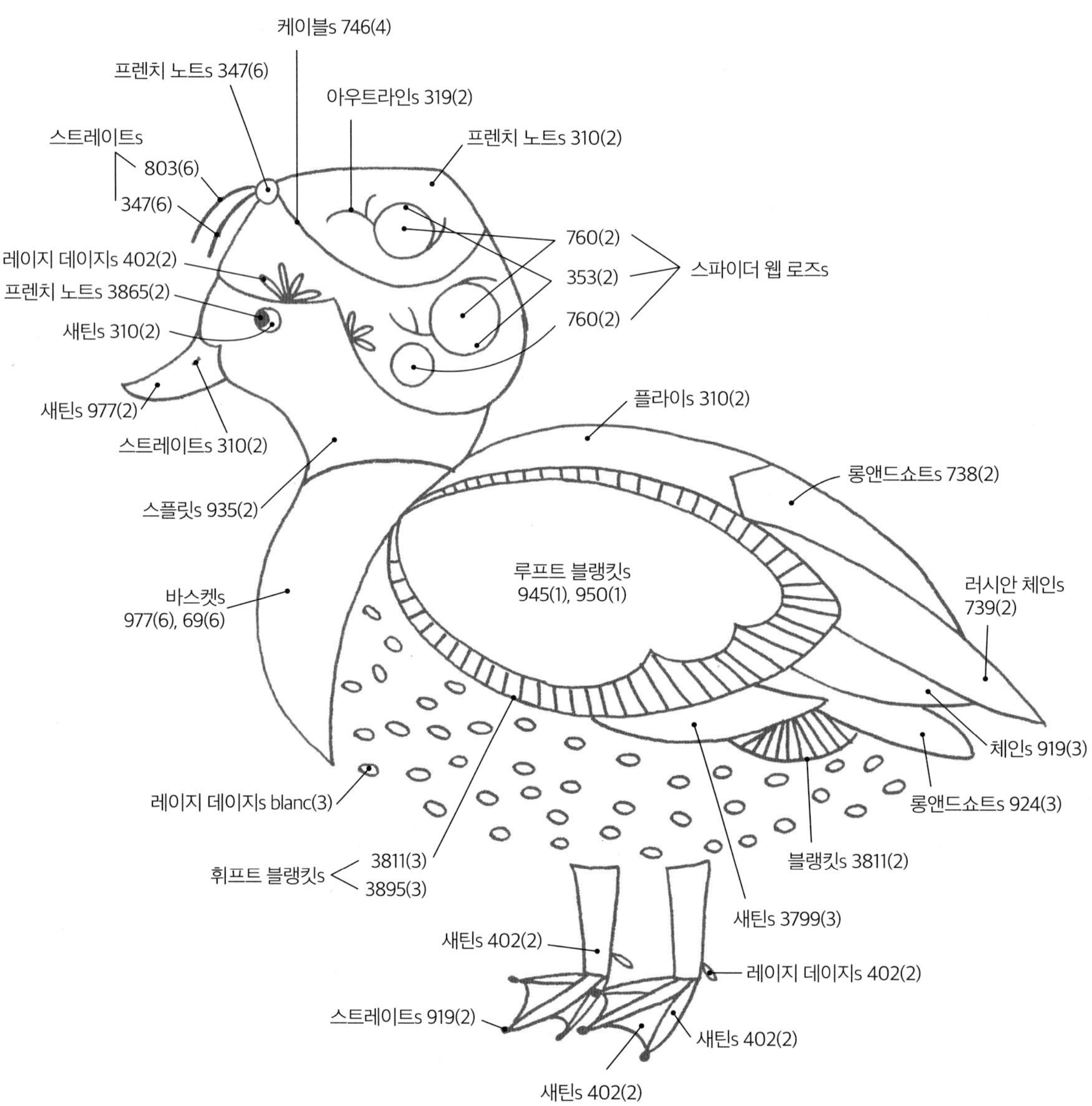

케이블s 746(4)
프렌치 노트s 347(6)
아우트라인s 319(2)
프렌치 노트s 310(2)
스트레이트s
803(6)
347(6)
레이지 데이지s 402(2)
프렌치 노트s 3865(2)
새틴s 310(2)
760(2)
353(2)
760(2)
스파이더 웹 로즈s
새틴s 977(2)
스트레이트s 310(2)
플라이s 310(2)
스플릿 935(2)
롱앤드쇼트s 738(2)
루프트 블랭킷s
945(1), 950(1)
바스켓s
977(6), 69(6)
러시안 체인s
739(2)
체인s 919(3)
레이지 데이지s blanc(3)
롱앤드쇼트s 924(3)
휘프트 블랭킷s
3811(3)
3895(3)
블랭킷s 3811(2)
새틴s 3799(3)
새틴s 402(2)
레이지 데이지s 402(2)
스트레이트s 919(2)
새틴s 402(2)
새틴s 402(2)

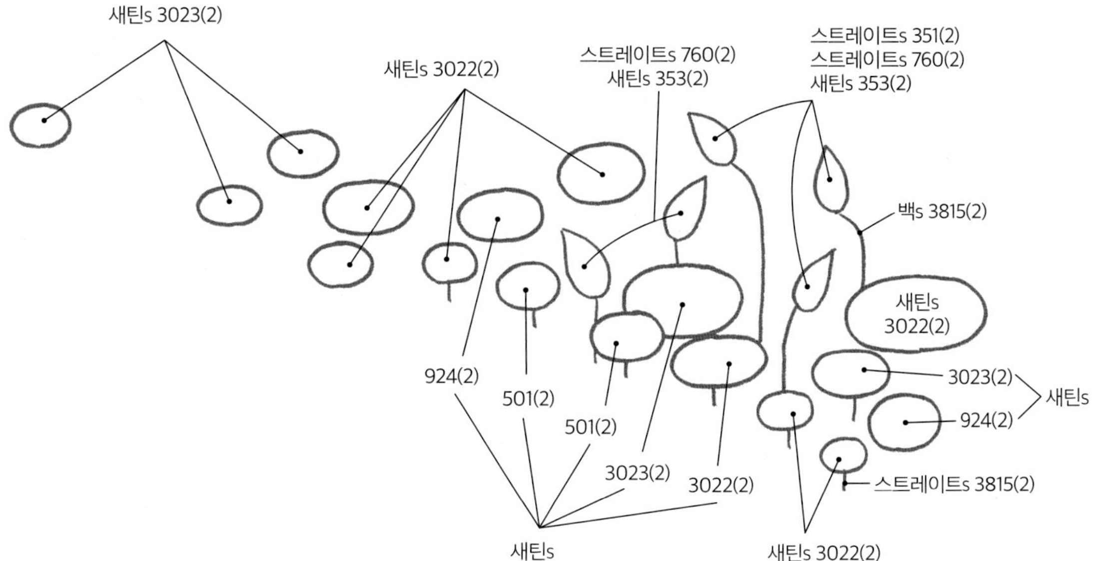

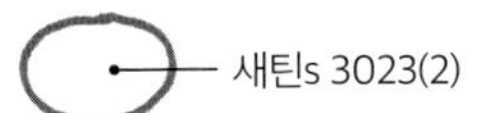

• 도안 설명은 스티치 → 실 번호 → (실의 가닥수)로 표기했습니다.
예) 체인s 452(2) : 452번 실 2가닥으로 체인 스티치를 합니다.

테마가 있는 자수

초판 1쇄 발행 2017년 5월 2일

지은이 박경란
펴낸이 이지은
펴낸곳 팜파스
기획 · 진행 이진아
편집 정은아
디자인 박진희
마케팅 정우룡
인쇄 (주)미광원색사

출판등록 2002년 12월 30일 제10-2536호
주소 서울시 마포구 어울마당로5길 18 팜파스빌딩 2층
대표전화 02-335-3681
팩스 02-335-3743
홈페이지 www.pampasbook.com | blog.naver.com/pampasbook
이메일 pampas@pampasbook.com | pampasbook@naver.com

값 15,800원
ISBN 979-11-7026-159-9 13590

이 도서의 국립중앙도서관 출판예정도서목록(CIP)은 서지정보유통지원시스템 홈페이지
(http://seoji.nl.go.kr)와 국가자료공동목록시스템(http://www.nl.go.kr/kolisnet)에서
이용하실 수 있습니다.(CIP제어번호: CIP2017009147)